ESSAI

SUR

L'AMELIORATION

DES TERRES.

A PARIS,

Chez **DURAND**, Libraire, rue
Saint Landry & au Griffon.

M. DCC. LVIII.

Avec Approbation, & Privilége du Roi.

A MADAME

DE POMPADOUR.

ADAME,

Parmi les Arts qui ont res-
senti les effets de votre protec-

a ij

tion, vous avez distingué l'Agriculture comme le plus intéressant & le plus négligé de tous. Vous avez gemi de voir que l'industrie, aujourd'hui si éclairée dans les choses d'agrément & de luxe, le fut si peu sur l'objet essentiel & décisif de la félicité publique ; & tout ce qui pouvoit tendre à perfectionner les opérations de la culture a fixé votre attention.

Ce n'est point à vos yeux que nos préjugés l'ont avilie, cette profession respectable, cette source vive & féconde des richesses, des forces & des prospérités d'un Etat. Le Ciel en

DEDICATOIRE. v

vous donnant une ame élevée & bienfaisante, proportionna vos lumieres à vos sentimens; vous aimez le bien de l'humanité, & vous le voyez dans ses grands principes. Les Arts même que l'on nomme agréables, ont dû sur-tout l'accueil qu'ils ont reçu de vous, à leur utilité politique, à leur liaison cachée, mais intime avec les premieres causes d'un regne heureux & florissant.

Si telles ont été vos vûes sur des arts de simple décoration, de quel œil considérez-vous cet art de premier besoin; cet art le nourricier des arts, & qui les tient tous à ſes gages, cet art ſans lequel les hommes répandus en petit nombre ſur la ſurface de la terre, diſputeroient encore la proye aux tigres, & le gland aux ſangliers?

On ne peut ſans étonnement comparer l'importance de l'agriculture avec l'abandon où elle eſt réduite. Vous le ſçavez, *MADAME*, vous qui interrogez la Verité, & qui l'encouragez à répondre.

Quelques citoyens éclairés tendent la main au laboureur, & tachent de le ranimer par le ſecours de leurs lumieres; mais la ſpéculation eſt inutile où la pratique ne peut s'exercer.

Ce font les richeffes du laboureur qui produifent les riches moiffons. Il n'y a point de fecret pour fertilifer les campagnes, fans des travaux qui les préparent, fans des troupeaux qui les engraiffent, fans des beftiaux qui les labourent, fans un commerce facile & avantageux, qui affure au cultivateur la récompenfe de fes foins, la rentrée de fes fonds, & un bénéfice proportionné aux rifques de fes avances.

Que ne m'eft-il permis, MADAME, de déveloper à vos yeux ces idées élémentaires de l'œconomie politique !

Vous verriez les produits de la terre se diviser dans les mains du laboureur en frais de culture & en revenus ; les frais se distribuer aux habi-tans de la campagne ; les re-venus se répandre , par les dé-penses des propriétaires , dans toutes les classes de l'Etat. Vous verriez ces mêmes ri-chesses , après avoir animé le commerce , la population , l'in-dustrie , retourner dans les mains du cultivateur , pour être employées à la reproduc-tion. Vous reconnoîtriez que c'est à la plénitude de ce reflus périodique des revenus de l'E-tat vers leur source , qu'on

doit attribuer leur renouvellement perpétuel, & que c'est à
cette circulation ralentie, in-
terrompue ou détournée, qu'on
doit attribuer leur épuisemens.

Mais ces détails seroient
superflus pour qui embrasse
le sistême du bien public, dans
tous ses raports & dans toute
son étendue. Il vous suffit d'être
pénétrée de ce grand principe de
Sully : Que les revenus de la
Nation ne sont assurés qu'autant que les campagnes sont
peuplées de riches laboureurs ;
que les dons de la terre sont les
seuls biens inépuisables ; &
que tout fleurit dans un
Etat où fleurit l'agriculture,

Si les tems sont contraires à son rétablissement, jamais les dispositions des esprits ne lui ont été si favorables; mais eussiez-vous encore plus d'obstacles à vaincre, les difficultés qui s'opposent au bien sont faites pour exercer une ame ferme & non pour la décourager. La véritable gloire n'eut jamais d'autres sources que les services rendus à l'humanité. Cette gloire incorruptible est la seule digne de vous: elle est la seule qui vous touche; & vous ne donnez à la renommée que des bienfaits à publier. Puissiez-vous étendre sur l'agriculture une influence

qui la ranime ! Puiſſe-t-elle
vous devoir ſon activité & ſa
vigueur ! elle oſe l'eſperer,
MADAME ; & cet eſſai,
dont elle eſt l'objet, en paroiſſant ſous vos auſpices, va re-
doubler la confiance qu'elle a
fondée ſur votre appui.

J'ai l'honneur d'être avec
un très-profond reſpect,

MADAME,

Votre très-humble & très-
obéiſſant Serviteur,
PATTULLO.

INTRODUCTION.

INTRODUCTION.

LA France paroiſſant depuis quelque tems plus que jamais s'occuper des moyens de perfectionner ſon agriculture, ſes manufactures & ſon commerce, ſeroit-il permis à un Etranger de propoſer quelques idées, qu'il penſe pouvoir contribuer à leur ſuccès? Il oſe s'y intéreſſer par reconnoiſſance de l'aſyle qu'il a trouvé en ſon ſein, depuis plus de dix années, & des bienfaits du Roi dont il y jouit : & ſe regardant maintenant comme habitant du Royaume pour toute ſa vie, il eſpere, en cet écrit, témoigner du moins ſon déſir de n'y pas être un membre de la ſociété entierement inutile.

Partie I. A

Il a fait de ces trois points im-
portants le principal objet de ſes
obſervations & de ſes recherches
depuis trente années ; & ſ agriculture lui ayant paru être la ſource naturelle du commerce & des
manufactures, & leur indiſpenſa-
ble appui, lors même qu'ils ſont
devenus plus floriſſants ; il lui a
ſemblé en même tems qu'elle
étoit reſtée en France moins
avancée qu'eux, & dans un état
ſi languiſſant, qu'elle y étoit ſuſ-
ceptible d'une grande amélioration. Il haſarde donc d'offrir quelques connoiſſances qu'il regrette
de ne pas avoir plus étendues, &
ne dira du moins que ce que
ſa pratique ou ſes obſervations
ont mis ſous ſes propres yeux en
Ecoſſe ou en Angleterre.

Leurs meilleurs livres d'agriculture lui ſont connus depuis
long-tems ; ils contiennent d'ex-

céllens principes & des précep-
t ᶜondés fur la raifon & l'expérience. C'eft par eux, & plus encore par les foins & la protection
du gouvernement, qu'elle a été
pouffée plus loin dans cette Ifle
que chez aucun de fes voifins du
continent, tandis qu'un fiécle auparavant elle leur y étoit entierement inférieure.

Plufieurs Ecrivains ont depuis
peu fait leurs efforts pour exciter
en France la même activité fur ce
point. Tous les bons écrits œconomiques de la Nation (a) font
pleins de folides raifonnemens,
& de juftes obfervations qui prou-
vent la néceffité d'y perfectionner

______

(a) Voyez l'efprit des Loix; l'effai fur les
Monnoies de M. Dupré de S. Maure; les éle-
mens du Commerce; le traité fur la police des
grains; les avantages & défavantages de la
France & de la grande Bretagne; tous les articles de M. le Roy & de M. Quefnay le fils,
dans l'Encyclopédie, &c.

l'agriculture , mais ils n'en indi-
quent pas les moyens ; & fi quelques-uns fe plaignent fi amére-
ment de la quantité de terres fté-
riles ou incultes que le voyageur
eft étonné de rencontrer dans la
plûpart des Provinces du Royaume , ils ne propofent pas de méthode pour les améliorer.

L'Auteur des Prairies artificielles, & celui des obfervations
fur l'Agriculture , font entrés dans
un plus grand détail , mais rela-
tif à l'état préfent de quelques
Provinces particulieres plus qu'à
l'ufage général du Royaume. Le
premier, qui a pour objet l'amélioration particuliere de la Champagne , en a du moins découvert
par fa propre application & fon
induftrie, l'unique moyen, qui eft
d'y faire des prairies artificielles,
& d'y augmenter la quantité du
bétail. Il a touché les vrais prin-

cipes, & tout ce qu'on pourroit reprocher à la méthode qu'il propose, c'est qu'elle est trop lente.

Mais de tous les écrits, qui jamais ayent paru en agriculture, on n'en connoît en aucune langue d'aussi-bien faits, & qui aillent si parfaitement au but, que ceux de M. Duhamel du Monceau. Aucuns ne conviennent mieux à l'état de l'agriculture en France, dont ils embrassent & décrivent toutes les branches.

M. Tull, dont cet Académicien a illustré le système, le publia en Angleterre, il y a près de trente ans, après une longue suite d'observations & d'expériences, mais il ne fut suivi que d'un très-petit nombre; car des Fermiers ne lisent guères de tels ouvrages, & se déterminent difficilement à un grand changement dans leur méthode. Ils cru-

rent que la fienne demandoit trop
de foins, & d'ailleurs ils ne purent fe perfuader qu'en ne femant
que le tiers ou le quart de leur
terrein, ils duffent jamais, comme il le prétend, recueillir autant & plus qu'ils ne font à l'ordinaire fur la totalité.

M. Duhamel, & fes zélés co-
refpondans ayant beaucoup perfectionné les inftrumens de M.
Tull, ont démontré au public,
par une fuite d'expériences, l'ex-
cellence de fes principes. Les
fuccès en grand, qu'a obtenu fur-
tout M. de Chateauvieux, té-
moignent du moins la poffibilité
d'exécuter fa méthode, & fes
avantages extraordinaires. Néanmoins il eft à craindre, que comme il eft arrivé jufqu'ici en Angleterre, elle ne s'étende guères au - delà de quelques amateurs, & que le commun des Fer-

miers & Cultivateurs ne s'obſti-
ne à garder ſon ancienne routine ſi infructueuſe , plutôt que de
prendre ſur ſoi d'y faire un ſi grand
changement.

Mais ſi la méthode de M. Tull
a été peu ſuivie des Anglois, on
ſçait toutefois , combien d'ailleurs leur agriculture s'eſt perfe-
ctionnée depuis quelques années;
quelle augmentation de leur bétail, de leurs grains, & même de
leur population s'en eſt enſuivie,
ainſi que dans la valeur de leurs
terres, au double, triple, quadruple , & même au - delà de ce
qu'elles rapportoient il y a cinquante ans. Il ſeroit donc à déſirer, que du moins leur pratique
moderne fut adoptée en France ,
& il ne faut pas douter qu'elle
n'y produiſît les mêmes effets ,
& n'y rendit l'agriculture floriſ-
ſante.

On commence feulement à fe mettre ici fur la voie des moyens qui leur ont fi bien réuffi. Il y en a quelques traces dans le Calendrier de Bradley, qui y a été traduit depuis peu, mais elles y font très-fuperficielles, & beaucoup de découvertes utiles ont été faites depuis près de trente ans qu'il y a que Bradley écrivoit.

Il eft auffi fait mention de leurs prairies artificielles dans la plûpart des nouveaux Livres qu'on vient de citer. L'Encyclopédie à l'excellent article *Culture des terres*, & les élémens du Commerce, rapportent l'extrait curieux d'une Lettre publiée en Angleterre, fur l'amélioration des terres du Comté de Norfolk, & ils entrent en plufieurs détails intéreffans fur l'engrais & le mélange des terres. Cependant bien des points im-

portans sont encore ignorés, &
pour engager à un changement
considérable & universel dans l'a-
griculture de France, il est peut-
être nécessaire d'avoir quelque
chose de précis à comparer avec
la pratique actuelle.

On n'entrera point ici dans les
détails de cette pratique, qui
est décrite & calculée avec beaucoup de précision dans le premier volume de la *Culture des
Terres* de M. Duhamel, ainsi
qu'à l'article *Fermiers* de M.
Quesnay le fils; on y renvoye
ceux qui pourroient ignorer combien elle est désavantageuse &
ingrate, & combien il devient
nécessaire de la changer.

On se propose donc de décrire,
aussi exactement que la brieveté
qu'on s'est prescrite en cet écrit
le pourra permettre, la pratique
d'amélioration & de culture mo-

derne en Angleterre, telle que
par une opiniatreté inconcevable
pour l'ancien usage, elle n'y est
pas même encore généralement
suivie, mais telle qu'elle a changé la face de toutes les Provinces
qui l'ont exécutée.

Et toutesfois on proteste qu'on
ne pense pas en ceci détourner de
la méthode de M. Duhamel, ni
donner la moindre atteinte aux
écrits de cet ami du genre hu-
main, qu'il est destiné à éclairer
en agriculture ; on regarde la
sienne comme démontrée, & on
ne propose celle-ci, que comme
plus à portée d'être aisément con-
çue & pratiquée par le commun
des Fermiers, ou même des Propriétaires ; & ainsi comme plus
susceptible, peut-être, d'en être
adoptée.

Cet Ecrit sera divisé en deux
Parties ; la premiere donnera les

détails des opérations & cultures qu'on propose , & de leur produit ; la seconde traitera des avantages qui pourroient en résulter dans l'œconomie publique, & de divers points qui intéressent en général la prospérité de l'agriculture.

ESSAI

SUR

L'AMELIORATION

DES TERRES.

PREMIERE PARTIE.

Des Engrais.

IL est maintenant généralement
connu en Angleterre, & on s'en
est assuré par toutes sortes d'é-
preuves, qu'il y a très-peu de terres qui ne contiennent dans leur
propre sein, des engrais propres
à en améliorer la surface, sans

le secours étranger du fumier,
& souvent même plus avantageu-
sement que lui.

Tels sont les marnes, les terres à foulon, les craies, les glai-
ses, l'argile, & en général presque toute espece de terre, d'une
qualité oppofée à celle qu'on
veut améliorer.

Le sable même peut être employé très-avantageusement sur
les terres fortes, tenaces & com-
pactes ; & celle-ci tirée de terreins marécageux, réuffit de même infailliblement sur les terres
fabloneuses & légeres.

La vafe des rivieres & étangs,
celle de la mer, fes herbes diverfes, fes fables y font pareillement propres, & ces engrais fe
trouvent par-tout fur fes rivages.

Quant aux autres, quoiqu'il
arrive quelquefois qu'on les trouve fur la furface de la terre, cela

est néanmoins assez rare ; mais il s'en présente communément des veines sur les côtés des chemins creux, des ravines, des fondrières, des bords élevés des rivieres ; & enfin la plus sure maniere de les découvrir est de sonder le terrein en différentes places.

Cela se fait à très-peu de frais, par le moyen de sondes (a) faites-exprès, qu'un homme ou deux tout au plus font aller jusqu'à la profondeur de dix ou douze pieds ; il seroit fort inutile, du moins à notre objet, de pénétrer plus avant, la dépense de tirer les engrais & d'épuiser les eaux s'il s'en rencontroit devenant alors trop grande.

Non-seulement on en trouveroit ainsi de convenables aux terres, mais peut-être on découvri-

____

(a) Voyez la Figure.

roit beaucoup d'autres matieres
de plus grande valeur, comme
des carrieres de pierre de taille,
de chaux, de plâtre, des mines
de charbon, &c.

Ainsi ce feroit l'intérêt de l'E-
tat, auffi-bien que des Propriétaires, que cette méthode de fonder les terres fut plus connue. Si
on fçavoit combien elle eft fimple & facile, perfonne ne négli-
geroit de chercher fur fon terrein
ces divers tréfors qu'il peut ainfi
poffeder fans le fçavoir.

Le fumier eft le principal engrais dont on faffe actuellement
ufage. La plûpart répandent fur
leurs terres celui de l'année,
avant qu'il foit muri, & que les
pailles & fourages dont il eft en
grande partie compofé, foient
affez pourris & confommés. Il y
fait ainfi très-peu de bien, & fouvent du mal en ce qu'il contient

les femences de toutes fortes de
mauvaifes herbes & de vermi-
nes, qui dévorent dans la fuite
les plantes ou leurs racines.

Mais fi le fumier, après avoir
été gardé un an, étoit difpofé
avec foin par couches alternativement chargées d'une double
quantité de la terre d'engrais, ci-
deffus indiquée, c'eft-à-dire,
d'une qualité, s'il fe peut, oppofée à celle du champ auquel il
eft deftiné ; il fe trouveroit ainfi
fort augmenté pour l'année fuivante, & fi bien conditionné
qu'une voiture en vaudroit mieux
que deux de la premiere année.

Dans quelques territoires d'Angleterre, où les terres étant d'une
grande valeur, les Fermiers ne
veulent pas faire de trous dans
leurs champs, pour avoir la terre
néceffaire à mettre fur leur fumier; plufieurs enlevent à cet ef-

fet la fuperficie d'un champ entier d'environ deux pouces d'é-
pais ; ils le labourent enfuite plus
profond d'autant , & amenent
ainfi une terre neuve , qui pourvu
qu'elle foit de bonne qualité ,
augmente prefque toujours la fécondité de l'ancienne. Quelques
années après , au moyen du fumier mêlé de terre , le champ fe
trouve à fon ancien niveau , &
amélioré pour une longue fuite
d'années.

L'urine du bétail que la plûpart
négligent & laiffent emporter par
les pluies, n'eft pas d'une moindre valeur que le fumier. En Angleterre , plufieurs pratiquent à
peu de frais derriere les écuries
& les étables, des efpeces de citernes où les urines fe raffem-
blent par divers conduits , & mê-
lées enfuite avec de la terre , forment un engrais excellent.

Le sel marin est pareillement
très-efficace, sur tout pour les terres pesantes ou médiocres à la
quantité de quatre à cinq quin-
taux par arpent, si on l'avoit à
assez bon marché ; & il seroit,
à une infinité d'égards, bien important à l'agriculture que cela
fut ainsi.

La chaux, quand on est à portée de l'avoir, ainsi que le précédent à un prix modéré, est encore
un engrais excellent, sur-tout
pour les friches (a). On peut s'en
instruire, ainsi que de la maniere
de s'en servir, au troisiéme volume de M. Duhamel.

On connoît en Flandres & en
Normandie l'effet des cendres de

____

(a) Il est étonnant qu'elle soit si chere en
plusieurs Provinces de France où la pierre cal-
cinable & le bois sont très-communs ; il faut
absolument que ce soit faute de sçavoir distin-
guer les pierres convenables, ou qu'on s'y
prenne mal pour les brûler.

tourbe, ou même de leſſive ordinaire, particulierement ſur les prés naturels ou artificiels.

Mais la marne eſt en général l'engrais de tous, reconnu en Angleterre le plus efficace ſur quelques terres que ce ſoit, pourvû que l'eſpece en ſoit bien appliquée ; car indépendament de la couleur qui y eſt aſſez indifférente, il y en a de trois eſpeces, dont l'application eſt ſouvent toute contraire ; il y a la pure qui eſt légere & moëlleuſe, la glaiſeuſe qui eſt peſante & compacte ; & la ſabloneuſe : & chacune s'applique toujours avec le plus grand ſuccès à l'eſpece de terre qui lui eſt oppoſée.

Les unes & les autres ſe préſentent preſque par-tout à choiſir ; & en général toute marne ſe diſtingue de l'argile, en ce qu'elle travaille dans l'eau & s'y diſſout

promptement, ainſi qu'à l'air &
au ſoleil ; qu'elle fermente dans le
vinaigre, & pétille dans le feu.

En France on l'employe en
beaucoup de Provinces, mais en
bien moindre quantité qu'on verra
ci-après que je ne le conſeille ; car
il y eſt généralement reçu, & on
croit avoir éprouvé qu'une trop
grande quantité brule les terres
& les ſtériliſe pour long-tems ;
mais apparemment c'eſt qu'on en
applique mal les diverſes eſpeces ; & en Angleterre on ne connoît d'inconvénient à trop mar-
ner que la dépenſe, qui va néanmoins en quelques cantons, juſqu'à vingt louis l'arpent.

La craie bien choiſie & bien
appliquée, a été trouvée auſſi
très-utile ; il y en a ainſi que de la
marne de pluſieurs eſpeces. La
plus tendre & la plus douce eſt la
meilleure ; celle qui eſt dure &

pierreuſe doit avant d'être employée avoir été expoſée à l'air &
au ſoleil, juſqu'à ce qu'elle s'é-
craſe & pulvériſe facilement.

.On en a éprouvé de grands effets
ſur pluſieurs eſpeces de terres, &
même de qualités tout à fait op-
poſées, comme ſur des glaiſes
très-compactes & des ſables arides ; néanmoins comme il eſt aſſez
facile de ſe méprendre aux terres
ſur leſquelles on croiroit qu'elle
pourroit convenir, & qu'ainſi on
riſqueroit de l'appliquer ſouvent
en pure perte, je ne conſeillerois pas d'employer cet engrais
inconſiderément, & en grande
quantité ; ceux qui en auroient à
leur portée pourroient en eſſayer
vingt à trente tombereaux par arpent, & augmenter enſuite ſelon
l'effet qu'ils en éprouveroient.

Elle réuſſit beaucoup plus ſu-
rement quand elle a été mêlée

avec du fumier ou de la vafe de riviere ou d'étang, un an auparavant d'être employée.

Elle fait auffi, étant calcinée, les mêmes bons effets que la chaux, & coute moins; cependant l'une & l'autre doivent être fuivies de fumier, fans quoi elles brûlent les terres, & les épuifent abfolument au bout de quelques récoltes de grains confécutives.

Je fuis perfuadé qu'il y a bien peu de terreins en France, où en s'ingéniant, on ne trouvât à employer quelques-uns de ces divers moyens.

De la différente nature des Terres, & de la qualité & quantité d'engrais qui conviennent à chacune.

LA diagnoftique des terres eft encore très-peu avancée; on

pourroit les diftinguer par la profondeur de la couche de terre
végétable, par la qualité du lit
qui eft deffous, par les genres
d'herbes qui y croiffent naturellement, par la couleur, la fria-
bilité, la compacité, la péfan-
teur, la diffolubilité, la vitrifica-
tion ou calcination, le goût &
les autres qualités fenfibles; il
faudroit pour cet effet une fuite
de connoiffances très-étendues,
& d'obfervations qu'on ne trouve
encore chez aucun naturalifte;
en attendant donc qu'on foit plus
exactement inftruit en cette partie, il peut fuffire à l'agriculture
de les défigner par les trois principes primitifs, dont elles paroiffent toutes plus ou moins com-
pofées; fçavoir la terre franche,
ou terreau, qui paroît un pur réfi-
du de parties végétales & anima-
les; l'argile, & le fable.

Ces

Ces trois principes, qui peut-
être n'en font que deux, ſi l'argile n'eſt, comme le penſe M. de
Buffon, qu'un ſable atténué,
& même eſſentiellement qu'un
ſeul, ſi les parties végétales ſont
formées du limon de l'argile diſ-
ſoute, donnent néanmoins quatre eſpeces très - différentes en
agriculture; ſçavoir,

1°. Les terreaux & terres franches, où ces parties végétales do-
minent avec un mêlange quelconque des deux autres; nous les re-
garderons comme la premiere eſpece, tout à fait ſupérieure en
qualité à toutes les autres.

2°. Les argiles pures, ou do-
minantes avec un peu de terre
végétale, peuvent être conſidé-
rées comme la ſeconde eſpece en
qualité.

3°. Un mêlange quelconque
d'argile & de ſable ou de gra-

viers, dominant avec une partie
de terre végétale, forme la troisiéme espece, mediocre en qualité.

4°. Enfin les sables & graviers
purs, ou dominans avec un peu
de terre végétale, font la quatriéme espece, inférieure en qualité à toutes les autres. Dans cette
classe peuvent être comprises toutes les terres légeres & arides.

La premiere espece est facile
à cultiver, féconde en toutes productions, & moyennant une culture bien ordonnée peut se passer
d'aucun engrais.

La seconde espece *des argil-
leuses & glaiseuses* est forte, pe-
sante, froide & compacte; elle
s'endurcit en masses à l'ardeur du
soleil, se bat & se scelle à l'eau
des pluies, & les chaleurs de l'été
forment des fentes à sa surface:
enfin ces terres sont toujours très-
difficiles à labourer.

On peut les améliorer avec
ſoixante à cent tombereaux de ſable commun, par arpent; ou cinquante tombereaux de ſable de
mer ou de riviere; ou vingt tombereaux de vaſe de mer, blanchâ-
tre & légere; ou ſoixante à qua-
tre-vingts tombereaux de marne
pure ou ſabloneuſe, & non glaiſeuſe. Enfin ſi on ne pouvoit avoir
une quantité ſuffiſante d'aucun de
ces engrais, & qu'on pût ſe procurer du fumier mêlé avec le double ou le triple de terre la plus légere qu'on puiſſe trouver, & gardé ainſi un an comme on a dit;
cinquante à ſoixante tombereaux
par arpent pourroient l'améliorer
pour pluſieurs années.

La troiſiéme eſpece mélangée
d'argile ou glaiſe, & de ſable ou
gravier, a plus ou moins les défauts de celui des deux genres
qui y domine, & doit être recti-

fiée par les engrais analogues, &
fur-tout par la marne.

La quatriéme efpece des fabloneufes, graveleufes & arides,
eft entierement oppofée à la feconde, étant légere, brûlante &
toujours facile à labourer; les engrais qui lui conviennent font
auffi précifément les contraires,
fçavoir cent ou cent vingt tombereaux de glaife; ou vingt-cinq de
vafe noire de mer la plus graffe
& la plus pefante; ou cinquante
à foixante de vafe de riviere,
d'étang ou de foffé, ou de terre
graffe tirée de terreins marêca-
geux; ou au moins cent tombereaux de marne glaifeufe & pefante, & non pure & légere; ou
enfin au défaut de tous ces fecours cinquante à foixante tombereaux d'un mêlange de fumier,
comme il a été recommandé,
avec le double ou le triple de la

terre la plus graſſe qu'on pourra trouver.

On obſervera que ce que je dis ici des engrais, du moins extra-ordinaires & en ſi grande quantité, ne regarde pas les terres cultivées ; elles n'en ont pas beſoin, & il ſuffira de changer leur culture en la maniere que je décrirai ci-après, pour les maintenir à jamais en bon état. Je ne les propoſe donc que pour les terres incultes, trop maigres pour porter du bled ; ou pour celles qui ſont épuiſées par des récoltes ſucceſſives & mal ordonnées. Je prétends que par leur moyen, ces mêmes terres, & juſqu'aux plus méchantes bruyeres, & aux landes les plus ſtériles du Royaume, peuvent être miſes en état de produire autant & plus que ne font actuellement les meilleures en France.

De la clôture des terres.

LA pratique d'enclôre les terres a commencé depuis long-temps en Angleterre, & y est maintenant presque générale. On a éprouvé que ce seul avantage ne manque guères de doubler la valeur du fond; presque par-tout en France on peut pareillement remarquer qu'un terrein enclos est toujours loué le double, & souvent le quadruple de celui d'à côté tout pareil qui est resté ouvert.

On a d'abord enclos de murailles, mais la dépense de les bâtir & de les réparer étoit trop grande, outre qu'il n'étoit pas facile d'avoir de la pierre par-tout, & on a trouvé qu'un fossé avec une bonne haye d'épines étoit meilleur à tous égards. De sorte qu'en Angleterre, si on a une ferme qui ne soit pas encore enclose, on ne manque pas à l'expiration du bail de stipuler avec le Fermier qu'il l'enclôra en entier dans le courant du nouveau, & de plus la divisera en enclos séparés proportionnés à l'étendue de la ferme ; & le Fermier est toujours amplement payé de sa peine & de ses frais, par l'augmentation considérable qui en résulte dans ses récoltes de grains & de fourages.

En effet, les grains ou herbages en sont garantis de toutes especes de bestiaux, qui pourroient y venir paître, & faire en hyver, quand la terre est molle, plus de dégât encore avec leurs pieds. L'entrée en est pareillement fermée aux paysans, qui l'automne dépouillent les chaumes au grand détriment de la terre pour laquelle ils font un excellent engrais naturel, ainfi que l'a obfervé M. de Chateauvieux, & c'eft un abus trop général en France.

Mais le plus grand avantage eft l'abri & le couvert que procurent les hayes. Elles échaufent & changent, pour ainfi dire, le climat; elles garantiffent les grains, les herbages, & les troupeaux des rigueurs de l'hyver, & des vents froids & deftructeurs du printems. De forte qu'il a été éprouvé que les récoltes en étoient toujours moins tardives & plus abondantes.

En même tems les foffés defféchent & égoutent les terres des pluies de l'hyver, & les tiennent ainfi en état d'être labourées prefqu'en tout tems.

Il feroit donc bien important

de travailler à enclôre pareillement les terres en France, & on
en verroit bien-tôt les excellens
effets. Un foffé de fix pieds de
large, & de trois à quatre de profondeur, muni d'une haye vive
d'épines blanches, eft très-fuffi-
fant, excepté dans le voifinage
des forêts, où l'on auroit à fe garantir des bêtes fauves.

On peut, en quelque Provinces du Royaume que ce foit,
faire creufer un pareil foffé à l'en-
treprife, fur le pied de trois à
quatre fols la toife, & deux fols
pour le plan d'épines.

Tous les dix-huit ou vingt
pieds, on doit planter fur la même ligne que la haye, un chêne,
un orme, un hêtre, un frêne,
ou tout autre arbre convenable
au terrein. Ils fervent à la fortifier, & fourniffent dans la fuite
des bois utiles, indépendamment

de l'abri qu'ils donnent aux beſtiaux dans l'hyver & dans l'été.

Tant que la haye eſt jeune, il faut la ſarcler exactement des mauvaiſes herbes, & à la ſeconde année il faut la couper près de terre ; elle formera dès la troiſiéme ou quatriéme un abri très-avantageux pour les terres, & à la cinquiéme ou ſixiéme elle les défendra de toute eſpece de bétail. La taille de la haye & des arbres ſervira au chaufage du Fermier, & le payera du ſoin de l'entretenir en bon état.

Comme les champs ſont maintenant tout ouverts en la plûpart des Provinces de France, il faudroit, ſi on entreprenoit de les enclore, une grande quantité d'épines, & il ſeroit néceſſaire en ce cas de ne pas perdre de tems à en former par-tout des pépinieres. On les peut faire de graines, ou par les fibres des racines de vieilles épines. Si on les fait de graine, il faut la femer auffi-tôt qu'elle eft recueillie de deffus l'arbre, cela l'avance d'un an.

Quand une ferme eft totalement enclofe, il faut la divifer par de pareils foffés munis de hayes en un certain nombre de parties égales, & plus ou moins grandes felon fon étendue & la nature du terrein, comme depuis dix jufqu'à vingt-cinq, ou tout au plus trente arpens; & chacun de ces moindres enclos doit être difpofé de façon qu'on puiffe y avoir un accès libre de la ferme, laquelle, s'il fe peut, doit être placée au centre.

Ordre & travaux d'amélioration & de culture.

PREMIERE ESPECE.

Des terreaux & terres franches.

CETTE premiere espece est presque toujours produite à force de travaux & de fumiers, & ne se trouve guères dans des champs de quelque étendue ; en tout cas, étant, comme on a dit, féconde de sa nature, il ne seroit question que de l'entretenir telle par une culture bien ordonnée, & celle qu'on va décrire pour la seconde espece des terres pesantes, lui sera parfaitement applicable.

SECONDE ESPECE.

Des terres argilleuses & pesantes.

SI le terrein eſt déja cultivé, il en exigera d'autant moins de travaux & d'engrais ; mais pour éviter toute difficulté, on ſuppoſe qu'il ſoit en friche de terre la plus forte & la plus peſante.

On commencera, ſi on le peut, par la défricher en automne, afin que les gelées de l'hyver l'ameubliſſent pour le printems, & conſomment les gaſons qu'il faut pour cet effet avoir attention de bien renverſer.

Suppoſé qu'on trouvât la terre trop forte & trop difficile, on fera bien d'employer à ce défrichement la charrue *à coutres* de M. de Chateauvieux, dont on

trouvera la defcription & les ufa-
ges au quatriéme volume de M.
Duhamel.

Si on eft parvenu à trouver la
marne, le fable, ou autres engrais convenables à ces terres,
on fera travailler à en tirer une
certaine quantité qu'on laiffera
en monceaux fe deffécher à l'air,
& perdre de fon poids, pour être
plus aifée à tranfporter.

Au printems, auffi-tôt que la
terre fera fuffifamment effuyée,
on donnera un fecond labour,
commençant par le même côté,
par où on aura commencé à défricher. Ce fecond labour achevé,
on voiturera la marne ou autre
engrais fur le terrein, dans la
quantité ci - deffus indiquée,
commençant toujours par le même côté labouré le premier, &
répandant foigneufement l'engrais fur la terre à mefure qu'on
l'y apportera.

Cependant on donnera une troisiéme façon, labourant chaque jour le terrein sur lequel l'engrais aura été répandu la veille, afin qu'il n'ait pas le tems de s'altérer peut-être par la chaleur du Soleil, & se deffécher par les vents.

Il faut que ce troisiéme labour soit un peu plus profond que les premiers, ce qui sera d'autant plus aifé que la terre en aura été ameublie, & tous les trois doivent être faits à plat, & sans aucuns fillons creux ni relevés.

Si, après ce troisiéme labour, les mottes ne font pas entiérement brifées, & la terre très-meuble, on la fera herfer avec une pefante herfe à dents de fer, jufqu'à ce qu'elle foit entiérement unie & en pouffiere.

A la fin de Juillet, ou au commencement d'Août, on pourra

commencer le quatriéme labour à demeure, lequel doit auffi être entierement à plat, & croifer les trois précédens, il faut qu'il foit achevé vers la mi-Septembre.

On prendra pour les femences du froment le mieux condition- né, le plus gros, le plus pefant; fix boiffeaux de Paris par arpent de cent perches, à vingt pieds, font autant qu'il en faut. On le nétoyera fcrupuleufement de tous grains défectueux, & mau- vaifes graines.

La néceffité de préparer la fe- mence, qui jufqu'ici n'avoit guè- res été fondée que fur des préju- gés incertains, a été récemment trop démontrée par les belles ex- périences de M. Tillet, du moins quant à l'effet de prévenir la niel- le, pour qu'on doive s'en difpen- fer, & on n'y peut rien employer de plus fimple ni de moins dif-

pendieux que la préparation qu'il
décrit d'une eau de leſſive commune (*a*).

On répandra la ſemence ainſi
préparée ; on herſera enſuite en
long & en travers, juſqu'à ce
qu'elle ſoit parfaitement recouverte, & la terre unie & ſans
aucune apparence de mottes.

Si tout cela eſt exécuté avec
ſoin, on peut raiſonnablement
s'attendre à une premiere récolte
de huit à dix, & juſqu'à quinze
ſeptiers par arpent. En Angleterre un terrein ainſi préparé en
rend le plus ſouvent davantage :
cependant la moitié ſeroit regardée en France comme une bonne
récolte, & en effet ne ſeroit pas
un médiocre produit pour la premiere année, eû égard à celles
qui doivent ſuivre.

____

(*a*) Voyez le précis des Expériences faites
par ordre du Roi, à Trianon.

Après la moisson, on labourera les chaumes aussi-tôt qu'on le pourra, & la terre restera ainsi jusqu'en Mars ; alors on donnera un second labour croisé, & on semera de l'orge, s'il se peut, par un tems sec ; la quantité en sera aussi d'un demi-septier par arpent. On le préparera avec le même soin que le froment, & on hersera pareillement jusqu'à ce que la terre soit unie, & sans aucunes mottes.

Il sera bon dans le mois de Mai, quand la terre est séche & dure, d'y passer de pesants rouleaux, comme il se pratique pour les avoines ; cela chauffe le grain, & le fait taller beaucoup davantage. On peut compter recueillir autant d'orge qu'on aura fait l'année précédente de froment.

La récolte en sera faite en Juillet, & aussi - tôt après on

donnera un labour à plat, qui pourra être fini au commencement de Septembre. On herfera en tout fens, jufqu'à ce que les mottes foient réduites en poudre, & la terre très-unie; après quoi on donnera un fecond labour, & on femera à mefure du froment choifi & préparé, comme il a été dit, & la récolte en fera prefqu'auffi bonne que celle de la premiere année.

Mais fi les chaumes font affez fecs pour être facilement brûlés, ou fur pied, ou par tas, & les cendres foigneufement difperfées avant le premier labour, le fecond en fera bien plus facile, & la récolte meilleure.

TROISIEME ESPECE.

Des terres mêlangées & médiocres.

CETTE troisiéme espece étant, comme on a dit, compofée du plus au moins de la feconde & de la quatriéme, fon amélioration & fa culture doivent être ordonnées en l'une des deux manieres qu'on vient de décrire, ou qu'on décrira ci-après, felon qu'elle tiendra des défauts ou des avantages de l'un ou de l'autre genre.

QUATRIEME ESPECE.

Des terres fabloneufes, graveléufes & légeres.

CES fortes de terres étant naturellement ouvertes, il fuffira d'y donner trois labours ; on mettra immédiatement avant le second, l'engrais qu'on aura été à portée de se procurer de quelqu'un des genres que nous avons indiqués ; on aura pareillement soin de le parfaitement briser & répandre également, & après un troisiéme labour, on semera du froment à peu près en même quantité, & préparé comme il a été dit.

Mais la maniere de recouvrir la semence doit être différente ; car elle doit être plus profondément enterrée, afin que les plantes y trouvent & conservent plus d'humidité qu'à la superficie toujours aride en ces terreins.

C'est le contraire de ce que plusieurs pratiquent en France; sur celles-ci, ils recouvrent légerement à la herse, & sur les pesantes ils labourent par-dessus la semence. M. Duhamel, qui rap-

porte cet ufage fans l'approuver,
dit qu'il eft fondé fur ce que la
herfe n'y fuffiroit pas, à caufe de
la groffeur & de la dureté des
mottes ; mais il ne devroit point
y en avoir fi la terre étoit préparée, comme elle doit l'être pour
le froment : & plus elle eft fujette à s'endurcir à fa furface, &
retenir en fon fein une humidité
nuifible, quand la chaleur n'y pé-
netre pas, moins il femble qu'on
devroit chercher à y enterrer les
plantes.

Quant à l'efpece dont il eft
ici queftion, on pourra femer fur
la terre herfée & unie, & recouvrir par un léger labour ; mais
cette opération fe feroit encore beaucoup mieux avec quelques-uns des femoirs décrits par
M. Duhamel, adaptés à cet effet.
A leur défaut, un homme pourroit fuivre une charrue ordinai-

re, femant à mefure dans le fillon qu'elle ouvre, & qu'elle recouvriroit par le fuivant. S'il en coutoit quelques journées de cèt homme, on les regagneroit fur la femence dont il faudroit moins étant mieux diftribuée.

On herfera enfuite jufqu'à ce que la furface de la terre foit unie, & il n'eft pas à craindre que la femence ait de la peine à percer l'épaiffeur de la terre qui la couvre, ainfi qu'il doit arriver dans les terres fortes, fi on la mettoit trop avant.

Cette premiere récolte de froment fera, moyennant toutes ces précautions, auffi bonne que fur les terres de la feconde efpece.

Auffi-tôt après la moiffon qui eft toujours plus hâtive en ces terres légeres, on dépouillera les chaumes, & on les brulera par tas, dont on difperfera foigneu-

fement les cendres. On donnera
un léger labour le plus diligem-
ment qu'on pourra avant que la
faifon s'avance ; on paffera une
fois la herfe pour unir la furface,
& on femera de la graine de turneps ou gros navets, après l'avoir
fait tremper douze ou quinze heures dans de l'urine, & l'avoir enfuite faupoudrée de fuie & fait fé-
cher au point de la pouvoir femer
facilement.

On prétend avoir éprouvé en
Angleterre, que cette préparation les garantit de certains in-
fectes tout-à-fait femblables à des
puces, qu'on fçait qui rongent
leurs feuilles féminales, à mefure qu'ils levent, & qui les
détruifent fouvent entierement.
M. de Combes, en fon *Potager*,
affure au contraire qu'elle ne lui
a réuffi, non plus qu'aucune autre ; il ne coute guères de s'en
fervir

servir à tout hafard : mais ce qu'on regarde comme plus certain, c'eſt que cet inſecte ne paroît guères que dans la fécheref-fe ; & qu'ainſi, fi on peut attendre la pluie pour les femer, ils en feront garantis.

Cette femence doit être légerement recouverte à la herſe, & il eſt bon d'y paſſer enſuite un peſant rouleau, pour comprimer la terre par-deſſus.

Si les navets levent trop épais, comme il y a apparence, ſi le tems eſt favorable, on les éclaircira facilement avec une hoüe large de trois à quatre pouces, qui détruira le ſuperflu, & rafraichira la terre pour ce qui reſtera ; mais cette opération ne ſe doit pas faire qu'ils n'ayent parfaitement pris racine ; ils couvriront la terre avant l'hyver, & fourniront une récolte très-utile pour la nourriture des bœufs,

vaches , moutons & cochons ,
pendant l'hyver & le printems.

Une autre maniere plus simple
est d'en semer deux ou trois livres
par arpent , le plus également
qu'on peut, sur des orges , avoines, pois ou feves, immédiatement avant de les couper ; les
Moissonneurs & voitures compri-
ment suffisamment la semence en
terre, & elle leve bien-tôt dans
le chaume , où on les éclaircit
avec une houe quelque tems
après ; cette façon épargne un labour , & réussit communément ;
au pis aller il n'y a que la semence de perdue , & si quelques
jours après on s'apperçoit qu'elle
n'ait pas levé, on donne un léger labour , & on seme de nouvelle graine.

Quand la terre est seche , les
moutons ou les cochons peuvent
les manger dans le champ , pour-

vû qu’on ait attention, de ne pas
le leur abandonner tout à la fois,
mais de ne les mettre dans une
place qu’après avoir achevé l’autre. Si le terrein est humide, il
faut les transporter & faire manger aux bestiaux sur un lieu sec,
que leur fumier engraissera. A
l’égard des bœufs, il ne faut jamais les laisser aller dans les navets, parce que leurs pieds nui-
roient beaucoup à la terre.

Au printems, dès que les navets sont enlevés, il faut donner
un profond labour; & semer en
même tems à la charue, comme on a fait le froment, pareille
quantité de pois blancs; on en
aura une récolte hâtive & excellente.

Dès que les pois seront recueillis, on labourera la terre,
& on semera des navets comme
l’année précédente; après les na-

vets, au printems, on donnera
un labour croifé, & on femera
de l'orge à la charue, ou dans le
fillon à la main, comme on a fait
le froment & les pois.

OBSERVATION.

On aura fûrement remarqué,
que dans ces diverfes récoltes, il
n'a été fait aucune mention d'a-
voine ni de feigle, dont on feme
maintenant une fi grande quantité
en France ; mais je penfe que c'eft
une marque du mauvais état de
fon agriculture , puifqu'on ne
peut faire un plus chetif emploi
des terres.

Le feigle ne fert qu'à la nourriture du plus bas peuple , & fi
en fa place , on trouve le moyen
de faire porter du froment à toutes les terres en France , il en
fera mieux nourri & plus en état

de supporter la fatigue de son travail.

L'avoine peut être regardée comme plus nécessaire pour la nourriture des chevaux ; & en effet, on ne voit en la plûpart des Provinces que champs d'avoine à perte de vue, qui à peine rendent au Fermier ses semences & ses labours ; nous tâcherons d'en faire un meilleur usage ; & quant à la nourriture des chevaux, l'orge (*a*) menagé convenablement les nourrit mieux que l'avoine, ainsi qu'on l'éprouve depuis peu en Angleterre, & de tous les tems en Espagne & en Barbarie, où ils sont les meilleurs & les plus courageux du monde. Cependant si les Fermiers en ont

____

(*a*) Il faut le passer au moulin, pour briser les bouts du grain, ce qui s'opere parfaitement dans un tour ou deux de meule.

envie, ils peuvent mettre leur troiſiéme récolte en ſeigle ou en avoine, & je crois que peu ſeront dans la ſuite tentés d'y revenir, vû la différence du produit qu'ils y trouveront.

Maintenant qu'on a expliqué la culture des trois premieres années en chacune des eſpeces de terres, il faut procéder au changement qui doit les ſuivre ; car depuis qu'on eſt plus habile en agriculture, aucun bon Fermier en Angleterre ne fait ſur le même champ plus de trois récoltes de grains conſécutives.

DES PRAIRIES ARTIFICIELLES.

Du Trefle.

LA terre ayant donné trois récoltes de grains doit être miſe en herbages. A cet effet on brulera le chaume aufli-tôt après la récolte, & on en répandra les cendres. On donnera un bon labour, après quoi on herfera plufieurs fois avec une herfe à larges dents, pour bien raffembler toutes les mauvaifes herbes, les racines & ordures en monceau qu'on brûlera de nouveau, & on en difperfera les cendres.

Si la terre eft forte & fraîche, on doit femer du trefle, lequel on peut tirer de Flandre, où il eft excellent.

Il faut vingt livres de graine par arpent; on la mettra dans l'eau, & on la remuera bien; on ôtera tout ce qui pourra furnager; & on la femera à la fin d'Août ou au commencement de Septembre, par un tems calme, avec grande attention de la répandre également. On herfera enfuite avec une herfe à dents

ferrées, jufqu'à ce que la terre
foit bien unie; elle levera ainfi
fort bien, & couvrira la terre
avant l'hyver.

Dès qu'il gelera, & que la terre fera affez ferme pour porter
les voitures, on y menera du fumier de deux ans, mêlé comme
on l'a dit de terre légere, douze
à quinze tombereaux par arpent,
lefquels on étendra foigneufement fur toute la furface. On aura pareillement grand foin qu'aucuns beftiaux n'y entrent, fur-
tout quand la terre eft molle.

Si le champ eft à l'abri d'une
haye, il donnera de l'herbe de
très-bonne heure au printems,
& on pourra la couper dès le
commencement de Mai, ou même plûtôt; mais il faudra prendre garde à n'en pas trop donner
d'abord aux beftiaux, car ils en
font fi avides qu'ils fe feroient

beaucoup de mal. Si l'été est humide on en aura encore deux bonnes coupes, & la seconde année le trefle sera encore plus fort & meilleur que la premiere.

Il est excellent pour les chevaux, les bœufs & les vaches ; mais il faut le leur apporter dans l'écurie ; car si on le leur laissoit paître, ils en gâteroient & fouleroient beaucoup plus qu'ils n'en mangeroient. Un autre usage très-avantageux qu'on en peut faire, est d'en nourrir des cochons. Par exemple, si on achete des truies pleines, qu'on en mette deux par arpent dans le trefle à la fin d'Avril, & qu'elles paissent sur toute la piece en liberté ; chaque truie mettra bas en Mai cinq à six ou huit petits, lesquels profiteront promptement, par la quantité de lait que donneront leurs meres, étant nourries dans une pature ſi abondante ; ils commenceront bientôt à en manger eux-mêmes avec avidité ; enfin au commencement d'Octobre , ils ſeront aſſez gros pour être vendus douze ou quinze francs piéce ; & leurs meres ſeront plus graſſes , & de plus grande valeur que quand on les aura achetées.

Ainſi , ſi chaque truie a cinq cochons à douze liv. piéce , ce fera cent vingt livres par arpent qu'on retirera d'une année d'herbe , ſans aucuns frais. Si quelques-uns fouillent la terre , ce qui arrive rarement quand ils paiſſent le trefle , on les en empêche au moyen d'un anneau qu'on leur paſſe dans le nez.

Comme le trefle a le défaut de noircir à la moindre pluïe qui ſurvient quand il eſt fauché , & ainſi de ſe faner difficilement , on le mêle affez ordinairement en Angleterre, avec une autre forte d'herbe nommée *ray graff*, & en latin *lolium*, qui porte un foin excellent & très-abondant ; mais on prétend qu'il épuife les terres, ou du moins qu'il ne les laiffe pas en fi bon état que les autres herbages. Ainfi je ne confeillerois d'en femer que dans les enclos qu'on deftineroit à la nourriture des beftiaux au fec. On met fix à huit boiffeaux de *ray graff* fur douze livres de trefle, & on les feme féparément, parce qu'ils ne pourroient fe mêler également. Il eft, dit-on, connu en quelques Provinces de France, finon on en pourroit tirer de la graine d'Angleterre.

L'automne de la troifiéme année, on labourera le trefle ; on donnera un fecond labour au printems, en croifant le premier, &

on femera de l'orge, dont on aura une récolte extraordinaire ; fur-
tout fi on y a mis des cochons,
leur fumier ayant été éprouvé le
meilleur de tous, malgré le mal
qu'en ont dit Columelle & autres
Romains, qui ont écrit de l'œ-
conomie ruftique.

Après l'orge, on aura deux
abondantes récoltes confécutives
de froment. On donnera deux labours pour chacune, herfant &
brifant fcrupuleufement les mottes après chaque labour qui doit
toujours être croifé. A la fin de
la troifiéme année on femera de
nouveau du trefle ; on pourra continuer ainfi alternativement à l'a-
venir, & pour toujours. La terre
ne ceffera point de donner des
récoltes plus avantageufes & plus
affurées qu'aucune ne fait maintenant en France, fans jamais
être une feule année en friche,

ou en jachere, & sa fécondité
sera éternelle.

De la Luserne.

SI les terres sont de l'espece désignée moyenne, après
la troisiéme récolte en grains,
on les pourra semer en luserne,
pratiquant d'ailleurs exactement
tout ce qui a été dit pour le
trefle.

Cette herbe en France se seme
ordinairement au printems par-
dessus les Mars. Ils croissent en-
semble, & se nuisent réciproquement, mais c'est elle qui en souf-
fre le plus ; le grain l'empêche
cette premiere année de prendre
aucun accroissement, & les chaumes lui nuisent encore l'année
suivante; de sorte qu'elle ne prend
jamais bien par-tout le dessus sur

les mauvaifes herbes ; il refte beaucoup de places vuides , & elle ne vient point à fa perfection.

Mais fi vers la fin d'Août, ou au commencement de Septembre , on la femoit feule , & un peu plus dru qu'on ne fait , elle leveroit beaucoup plus également ; & fi en hyver on y répandoit du fumier, comme on l'a dit pour le trefle , elle couvriroit la terre au printems, étouffant toutes les autres herbes , & on en auroit une bonne récolte l'été fuivant. Elle fera encore meilleure & plus hâtive fi elle eft à l'abri d'une haye , & elle fera de plus en plus forte à la feconde & troifiéme année.

On la laiffe en France fubfifter dix & jufqu'à quinze ans fur le même terrein ; mais en Angleterre on a éprouvé qu'elle dépé-

rit au bout de quelques années,
à mesure que la terre s'endurcit
& que les mauvaises herbes & le
gason se multiplient. Ainsi dès
qu'on s'apperçoit qu'elle diminue, il faut la labourer en automne, & donner un second labour croisé au printems, pour y
semer de l'orge. On en fera une
excellente récolte, l'année d'a-
près une de froment, & la troisiéme une d'orge ; après quoi, on
semera l'automne de la luserne,
comme auparavant.

Cependant, comme on a supposé que ces terres étoient de médiocre qualité, il sera très-avantageux d'y mettre à chaque troisiéme année de luserne, la même
quantité de fumier qu'on a prescrit de mettre à la premiere ; on
en sera amplement dédommagé
par l'abondance des récoltes, soit
en grain ou en fourage : & même

on pourroit faire alors deux récoltes confécutives de froment ,
après la premiere récolte d'orge.

Par cette culture , un arpent
de luferne à vingt pieds par perche , fuffit à nourrir deux chevaux , ou trois bœufs , ou trois vaches , ou douze à quinze moutons , toute l'année , l'été au verd,
& l'hyver au fec ; & en Angleterre on compte qu'il en nourrit
davantage , en y joignant des pailles , dont le refte fert à leur li-
tiere.

C'eft autant que trois à quatre
arpens des meilleurs prés naturels , & par conféquent on ga-
gneroit à mettre la plûpart de
ceux-ci en labour ; on y feroit
trois bonnes récoltes de grains ,
après quoi on les mettroit fuccef-
fivement en prairies artificielles ,
qui rendroient beaucoup plus de
fourages. Il eft vrai que cela ne fç

pourroit faire que pour les prés qui ne font pas expofés à être inondés.

Du Sainfoin.

SI les terres font légeres & trop maigres pour porter abondamment de la luferne, & encore moins du trefle, il faut après la troifiéme récolte de grains les femer en fainfoin ; on en mettra environ un feptier par arpent, afin de bien remplir la terre, & qu'il ne refte point de place pour les mauvaifes herbes, on le femera en même faifon que le trefle. L'hyver on y mettra de même quinze ou vingt charretées de fumier par arpent, afin de fortifier la terre & échauffer les jeunes racines. L'abri d'une haye

leur fera pareillement avantageux.

Le fainfoin eft par tout pays é-
prouvé excellent pour toute efpece de bétail, à l'exception des cochons, pour lefquels le trefle eft
beaucoup meilleur ; mais il donne fur tout une grande quantité
de lait aux vaches, & de la meilleure qualité ; de forte qu'il eft
fingulierement propre pour élever des beftiaux, & former une
laiterie. Un arpent nourrit abondamment trois vaches, depuis le
1 Mai jufqu'au 1 Novembre, &
fouvent davantage. Jamais néanmoins il n'en nourrit autant que
le trefle ou la luferne ; mais ceux-
ci exigent la meilleure terre & la
plus forte, tandis que l'autre fe
plait dans les légeres, & avec un
peu d'induftrie vient bien dans
les plus mauvaifes.

C'eft donc très-fagement que

l'Auteur des *Prairies artificielles*
le conseille pour la Champagne,
mais j'irois plus loin que lui, &
il me paroît avoir le bien public
trop à cœur, pour ne pas trouver bon que je m'explique librement sur ce sujet.

Je me suis assuré, d'après l'e-
xamen exact que j'ai fait des terres de cette Province, que les
plus mauvaises font capables de
donner de bonnes récoltes de
sainfoin, moyennant une culture
convenable, & je suis persuadé
qu'on y trouveroit presque par-
tout des engrais propres à les améliorer d'une maniere beaucoup
plus courte, & plus avantageuse
que celle qu'il propose.

Le plus grand inconvénient
que j'aye trouvé dans ces vastes
plaines, c'est le manque de bois
pour bâtir, & d'eau pour les bestiaux. A l'égard de celle-ci, je

fuppofe qu'on pourroit par-tout y faire des puits, & même à leur défaut on pourroit y pratiquer des mares & des citernes, comme on fait en Flandre & en Hollande, en plufieurs lieux où on ne fçauroit avoir d'eau autrement.

Le fainfoin dure plus long-tems que le trefle, & améliore beaucoup les terres; cependant il commence ordinairement, du moins en Angleterre, à dépérir vers la cinquiéme ou la fixiéme année; & il faut, dès qu'on s'en apperçoit, le labourer l'automne, donner un fecond labour au printems, & y femer de l'orge; après l'orge (*a*) du froment, enfuite

---

(*a*) Si on trouve que quelqu'une de ces efpeces de terres fe refferrent trop par une récolte d'orge, pour pouvoir enfuite porter du froment, on pourroit y faire une récolte de vrois, de fév erolles, de navets ou de veffe,

des navets, & enfin des pois ou de l'orge. On aura ainsi quatre bonnes récoltes en ces trois années, & l'automne on recommencera en sainfoin comme auparavant.

Il sera pareillement fort avantageux, pour cette espece de terre, d'y mener du fumier tous les deux ans durant les six années de sainfoin ; on n'en manquera pas, vû la quantité de bestiaux qu'on pourra nourrir, & les récoltes de toutes especes en seront meilleures. Bientôt, on pourra en faire deux de froment consécutives ; & peut-être la terre s'améliorera-t-elle enfin au point de pouvoir porter de la luserne, ou

au lieu d'orge ; elle nétoyeroit la terre des mauvaises herbes, & l'ameubliroit bien pour le froment. On pourroit aussi y répandre un peu d'engrais convenable, afin de l'ameublir pour la seconde récolte.

même du trefle ; car il a été fouvent éprouvé que la feule culture
bien faite améliore tellement la
terre, fans le fecours même d'aucun fumier ni engraîs, qu'elle en
change en quelque maniere la
nature.

Tems de faucher les fourages.

QUAND j'ai parlé de faucher
les prés artificiels au commencement de Mai, je n'ai entendu
que ceux qui étoient deftinés à la
nourriture des beftiaux en verd ;
& ceux-là peuvent même l'être
plutôt, felon que le printems eft
plus beau, & l'herbe plus avancée ; mais quant à ceux qu'on fait
en foin, la régle générale pour
l'avoir de meilleure qualité, eft
de faucher le trefle & le fain-

foin au moment où les premieres fleurs commencent à s'épanouir ; & la luserne quand les boutons sont formés, & avant qu'aucun soit épanoui, parce que la tige s'endurcit plus que celle des autres ; le foin fait alors avec l'attention convenable, conservera un œil verd & une saveur toute différente pour les bestiaux ; on perdra quelque peu du poids de la premiere coupe, mais les suivantes en seront beaucoup plus abondantes, & de meilleure qualité.

En France les fourages de toute espece se coupent trop tard, de sorte qu'ils font la plûpart sans couleur, sans odeur, sans saveur & sans vertu ; c'est sur-tout un grand inconvénient pour les chevaux fins de trait & de monture, qui s'ils étoient nourris de meilleur foin, auroient tout autrement

de feu & de vigueur ; & cela réduit d'ailleurs le regain à presque
rien en quantité & qualité , les
racines des plantes épuisées par
la fleur , & souvent par la graine ,
ne pouvant fournir de nourriture
suffisante même à une seconde
coupe.

Il est bon d'avertir que le fourage de toute espece que peut produire une ferme , doit être entierement employé à y nourrir & entretenir des bestiaux; & que jamais
un bon Fermier ne doit vendre, ni
foin ni paille , ni autre fourage ;
à moins que ce ne soit dans le
voisinage des grandes villes , où
il seroit à portée de le vendre
fort cher , & d'en acheter du fumier à bon marché; c'est une excellente observation de M. le
Roi , article *ferme* de l'Encyclopédie. Il parle avec tant de force
dans nos mêmes vûes , que je
m'appuyerai

m'appuyerai ici de son senti-
ment.

  « Nous ne sçaurions trop le ré-
» péter, *dit cet Auteur*, l'agri-
» culture ne peut avoir des suc-
» cès étendus, & généralement
» intéressans que par la multipli-
» cation des bestiaux. Ce qu'ils
» rendent à la terre par l'engrais
» est infiniment au-dessus de ce
» qu'elle leur fournit pour leur
» subsistance.

  » J'ai actuellement sous les
» yeux une ferme, dont les terres
» sont bonnes, sans être du pre-
» mier ordre. Elle étoit il y a qua-
» tre ans entre les mains d'un Fer-
» mier qui la labouroit assez bien,
» mais qui la fumoit très-mal,
» parce qu'il vendoit ses pailles
» & nourrissoit peu de bétail. Ces
» terres ne rapportoient que *trois*
» *ou quatre* septiers de blé par
» arpent dans les *meilleures années.*

Partie I.   D

» Il s'est ruiné, & on l'a contraint
» de remettre sa ferme à un Cul-
» tivateur plus industrieux. Tout
» a changé de face. La dépense
» n'a pas été épargnée, les terres
» encore mieux labourées qu'el-
» les n'étoient ont été, de plus,
» couvertes de troupeaux & de
» fumier. En deux ans, elles ont
» été améliorées au point de rap-
» porter *dix septiers* de bled par
» arpent, & d'en faire espérer
» *plus encore* par la suite. Ce suc-
» cès sera répété toutes les fois
» qu'il sera tenté. Multiplions nos
» troupeaux, nous doublerons
» presque nos récoltes en tout
» genre. Puisse cette utile persua-
» sion frapper également les Fer-
» miers & les Propriétaires ! Si
» elle devenoit active & généra-
» les ; si elle étoit encouragée ;
» nous verrions bien-tôt l'agri-
» culture faire des progrès rapi-

» des ; nous lui devrions l'abon-
» dance avec tous ses effets : on
» verroit la matiere du commer-
» ce augmentée, le paysan plus
» robuste & plus courageux, la
» population rétablie, les im-
» pôts payés sans peine, l'Etat
» plus riche, & le peuple plus
» heureux.

Exemples du produit des herbages artificiels.

M. Girardoz de Mallassise, Seigneur de la terre de Nandis, près Melun, ayant entouré de fossés & de hayes, deux à trois cens arpens, & les ayant mis en luserne, ces terres qui étoient louées tout au plus trois livres l'arpent, lui en rendent actuellement soixante, tous frais faits.

M. le Clerc, Propriétaire d'un

bien de deux à trois cens arpens
de terre fitué à la Varenne Saint
Maur, près la Marne, s'étant ap-
pliqué depuis quatre ans à améliorer ces terres, qui font d'une
qualité fi légere & fi fabloneufe,
qu'à peine le feigle & le farafin
y pouvoient croître, & qui de
plus étoient trop morcelées pour
qu'on pût les enclorre ; il eft
néanmoins parvenu à y former
des prairies artificielles en luferne & en fainfoin, qui par leur
beauté & leur fertilité le difpu-
tent à celles qui font dans les
meilleurs terreins ; enforte qu'il
compte recueillir par an fur chaque arpent de ces terres quatre
ou cinq cens bottes de foin,
qu'on fçait valoir toujours dans
le voifinage de Paris vingt à trente livres le cent, & il en recueil-
leroit encore davantage s'il étoit
permis de faire faucher les foins

quinze ou vingt jours avant la
S. Jean, auquel cas le regain
rendroit presque autant que la
premiere coupe.

M. Quesnay le fils a recueilli
en Nivernois mille bottes de dix
livres, par arpent, de foin de trefle, & toutefois les terres y passent
pour maigres, comme dans la
plûpart des Provinces intérieures, parce que les Fermiers ne
mettent pas assez d'engrais, &
cultivent mal avec des bœufs.
Cette quantité à dix livres le
cent de bottes, ou vingt sols le
quintal, ce qui y est le prix commun, produiroit cent livres l'arpent; elle suffiroit avec quelque
peu de paille à nourrir toute l'année deux chevaux, ou trois
bœufs, ou douze moutons, sur-
tout si une partie étoit employée
à les nourrir en verd durant tout
l'été; car le trefle en verd est

rempli de fucs, qui fourniffent
une nourriture très - abondante,
mais il fe deffeche en foin, &
fe retire plus qu'aucun autre fourage.

Enfin, fans s'en tenir à ces
exemples, quiconque verra un
champ enclos, en trefle, luferne
ou fainfoin, n'a qu'à s'informer
de fon produit, il trouvera qu'il
rend en plufieurs coupes depuis
cinq cens jufqu'à huit cens bottes de foin l'arpent, que le Propriétaire n'en tire jamais moins
de cinquante livres tous frais
faits, & qu'après un certain temps
lorfqu'on les défriche, la terre
améliorée rend plufieurs récoltes
abondantes & confécutives en
avoine & en froment, fans aucun engrais ; il n'en faut pas davantage pour confirmer tout ce
que j'ai avancé fur les avantages de ces prés artificiels ; & fi

comme je l'ai recommandé, on élève & nourrit des bestiaux avec le fourage, au lieu de le vendre, on en tirera sûrement plus de profit, sans compter le fumier pour les terres, qui vaudra presque le fourage même.

Disposition d'une ferme de trois cens arpens en la culture ci-dessus, avec le calcul de la dépense & du produit.

J'Aurois préféré de faire un parallele de cette méthode-ci à l'ancienne, semblable à celui que M. Duhamel a fait de la sienne, en supposant un certain prix pour chaque opération; mais comme il n'y fait mention que des quatre articles de labours, semences, sarclages & frais de moisson, supposant tous les autres frais

égaux dans les deux cultures qu’il
compare, je n’y ai rien trouvé
qui pût me fixer le prix des autres frais, comme des chevaux de
labour, des inſtrumens, des engrais, des fermages, des tailles
& autres charges.

Cependant, à ne faire que le
parallele des labours, il calcule
que la méthode ordinaire exige
pour trois cens arpens, au moins
quatre ou ſix labours des cent arpens, & que pour les cultiver ſuivant celle de M. Tull, il faut dix
ou même douze labours de cent
arpens par an; mais à la nôtre, y
ayant toujours au moins la moitié
des trois cens arpens en herbage,
il ne reſte par an que cent cinquante arpens à labourer deux
fois, ce qui épargne un quart ou
la moitié des labours ordinaires.
Néanmoins le Fermier y a également cent arpens de froment, &

ils feront meilleurs, ainfi qu'il
eft éprouvé par mille expériences qu'on a en Angleterre, &
même en France, de la fertilité
de tout herbage défriché. De
forte que, peut-être, il en recueillera prefque autant qu'en la
culture de M. Tull.

***

Préparation.

S I les terres font fortes, & propres à porter du trefle, j'ai dit
qu'elles devoient être trois ans
en grain, & trois ans en herbages; ainfi, tous les ans une fixiéme partie doit en être mife de
grain en herbage, & une autre
fixiéme partie d'herbage en grain;
mais fi on ne divifoit le tout qu'en
fix parties, chaque enclos fe trouveroit avoir cinquante arpens, &
feroit trop grand; fi on le divifoit en

dix-huit , les enclos feroient plus petits qu'il n'eft néceffaire de les faire ; ils feront très-bien de douze ou de vingt-cinq arpens chacun , & c'eft la divifion la plus conve-nable pour une telle étendue en cette culture.

Si les terres font médiocres ou légeres , j'ai dit qu'elles devoient être mifes en luferne ou en fain-foin , qui reftent l'un & l'autre fix années fur terre ; de forte qu'il doit toujours y avoir les deux tiers de la ferme en herba-ge , & tous les ans une neuviéme partie doit être mife d'herbage en grain , & une autre neuviéme partie de grain en herbage ; mais fi on ne divifoit la totalité qu'en neuf , les enclos feroient trop grands , & il fera mieux à tous égards de la mettre en dix-huit.

Je fuppofe maintenant que les trois cens arpens foient de terres

fortes & en friches; on en choifira dès l'été les quatre meilleurs
enclos ou la troifiéme partie. On
en levera les gafons qui font d'ordinaire fort épais fur les terres
fortes, on les brûlera, & on en
répandra les cendres fuivant la
maniere décrite au premier volume de M. Duhamel. On les labourera bien, & on en femera
deux en trefle le même automne,
& deux en orge au printemps,
pour être auſſi en trefle l'automn-
ne fuivant. Les huit autres enclos
ou deux cens arpens feront préparés pendant le cours de l'année
en la maniere que j'ai indiquée,
pour être mis en froment l'automne.

Si les trois cens arpens font
cultivés, & néanmoins qu'on
puiſſe difpofer du tout, on en
trouvera bien la fixiéme partie ou
deux enclos en aſſez bon état,

du moins avec peu d'engrais ,
pour être mis en trefle dès l'automne, & deux autres propres à
être femés d'orge en Mars fuivant , & de trefle l'automne , tandis que les huit autres enclos ou
deux cens arpens feront préparés
pour porter du froment.

Si on ne peut difpofer du tiers
des terres formant la folle des
bleds, femés à l'ordinaire, pour
la récolte de l'année fuivante, on
choifira les quatre meilleurs enclos dans les deux folles des mars
& des bleds recueillis, defquels
on mettra deux en trefle l'automne , les deux autres en orge le
printemps fuivant, & en trefle
l'automne , & on préparera le
refte pour du froment. L'année
d'enfuite , après la moiffon de
la troifiéme folle , on la difpofera
pareillement en trefle & en froment. Ainfi quelles que foient

les terres, on les mettra facilement en un ordre suivi.

Je ne porterai pas en dépense la construction de la ferme même, & de ses diverses dépendances, parce que je la suppose bâtie par le Propriétaire, & je ne compterai ici que le frais ausquels s'engageroit un Fermier, qui ayant fait un bail de dix-huit ou vingt ans entreprendroit de la faire valoir selon la méthode ci-dessus.

Je n'établirai point mes calculs sur ce que je puis avoir eu occasion d'observer de l'œconomie avec laquelle se peuvent faire les travaux, & des récoltes considérables qu'on doit espérer des terres ainsi cultivées. Je pourrois en citer des exemples satisfaisans ; mais je ne prétends pas donner mes propres observations pour regle ; ainsi je me bornerai à ce qui est communément

reçu en France, & je suivrai à
cet effet les évaluations que j'ai
trouvées dans l'Encyclopédie article *Fermiers*, Œconomie politique.

Cet article paroît avoir été fait
avec le plus grand soin, par M.
Quesnay le fils, & contient un
parallele curieux de la culture
des bœufs à celle des chevaux ;
d'où s'enfuit l'état préfent de l'a-
griculture en France, qu'il dé-
montre n'être rien moins qu'a-
vantageux. On peut voir combien
fes principes, fes obfervations lu-
mineufes, fes calculs & les juftes
conféquences qu'il en tire, s'ac-
cordent à faire défirer une culture telle que je la propofe.

*Calcul des frais néceſſaires pour en-
clore & diviſer trois cens arpens,
& du terrein que cela prendra.*

LEs trois cens arpens à vingt
pieds pour perche, font douze
millions de pieds quarrés ; je les
ſuppoſe en un quarré long de quatre mille pieds ſur trois mille ;
quatre foſſés en long, cinq en
large formeront douze enclos de
vingt-cinq arpens, ou d'un million de pieds quarré chacun. Les
quatre foſſés en long font ſeize
mille pieds, les cinq en large
en font quinze mille. En tout
trente-un mille pieds, faiſant
cinq mille cent ſoixante-ſix toi-
ſes quatre pieds. J'ai dit que le
foſſé pouvoit être fait à l'entre-
priſe ſur le pied de quatre ſols la
toiſe, & deux ſols pour le plan

de la haye, ce qui fait environ mille cinq cens cinquante livres.

A l'égard du terrein que cela prendra, le fossé est supposé de six pieds de large. Je mets encore quatre pieds pour les terres & la haye, c'est en tout dix pieds de large, qui sur les trente-un mille que nous avons trouvé de long, font trois cens dix mille pieds quarrés, ou sept arpens trois quarts; ce n'est qu'environ la quarantiéme partie du terrein, & on sera bien dédommagé de ce petit objet par l'abondance des récoltes que fourniront les trente-neuf autres.

Supposé qu'on voulût le diviser en dix-huit enclos, on feroit sur le quarré long quatre fossés en long & sept en large, ce qui n'augmenteroit la dépense que de deux fossés dans la largeur, c'est-à-dire de mille toises, qui

couteroient trois cens livres, &
ne prendroient qu'un arpent &
demi de plus.

Si la ferme étoit dans une forme plus irréguliere, cela pourroit faire quelqu'augmentation,
mais elle ne sçauroit être fort
grande.

D'ailleurs, si on ne vouloit pas
faire cette dépense tout à la fois,
on pourroit, après avoir enclos
la totalité, diviser en six les terres pesantes, & en neuf les autres, pourvû que ce fût de maniere à pouvoir être ensuite sub-
divisées quand on voudroit.

Si la ferme n'est pas dans les
plaisirs du Roi, il ne sera pas nécessaire de faire en chaque enclos plus d'entrées qu'on ne voit
à la figure I, & même pas tant;
car il suffira d'en avoir pour l'accès facile à la ferme : mais si elle
y est, il sera peut-être nécessaire

d'en faire qui traverfent chaque enclos, comme on peut voir à la figure II. Ces entrées fe ferment, par des portes ou des barrieres, felon qu'on juge convenable, & en Angleterre les chevaux de chaf-fe font accoutumés à fauter ces barrieres, & fouvent les hayes même.

En comptant donc fur le plus grand nombre d'enclos, fur les ir-régularités du terrein, & fur ce qu'il en peut couter pour les por-tes & barrieres, le tout ne peut aller au-delà de deux mille livres.

Je compte que douze chevaux & fix chartiers feront plus que fuffifans pour tous les travaux de cette ferme ; néanmoins afin de prévenir toute chicanne, je met-trai, pour tirer & voiturer les en-grais, lever & brûler les gafons, le même prix porté au dit article de l'Encyclopédie pour fumier.

Etat de la dépense pour une ferme de trois cens arpens, où le Fermier. seroit entré en automne 1757.

LE fossé muni d'une haye vive d'épines , pour clore & diviser toute la ferme avec les portes & barrieres , ci   2000 l.

Douze chevaux à trois cens livres piéce ,   3600

Quant aux vaches & moutons, on n'en aura pas encore besoin , n'ayant pas de quoi les nourrir.

Il est porté dans l'Encyclopédie , pour instrumens , Maréchal , Bourelier , Cordier , &c. dans une ferme de cinq cens arpens cinq mille livres , qui pour une de trois cens feroit trois mille livres , néanmoins ayant compté douze chevaux pour commencer , je suppose que les frais aillent pareillement ici à cinq mille livres. 5000 l.

. Pour la nourriture de douze chevaux pendant dix - huit mois (parce qu'après les semailles de 1758 , on va voir qu'on en doit vendre six) à cent cinquante par an chacun , fait 2700

Pour les gages & nourriture de six chartiers pendant dix-huit mois (parce qu'on en renverra pareillement trois en Octobre 1758) à trois cens livres par an chacun , fait 2700

Pour tirer , voiturer & répandre l'engrais , quoi-

que je penfe que ce tra-
vail puiffe être fait en
grande partie par fes propres chevaux & chartiers,
qui n'auront pas grand
chofe à faire l'automne &
l'hyver 1757. Je mets comme j'ai dit quinze livres
par arpent.   4500 l.

Fermages de trois cens
arpens à huit livres par arpent, comme porte mon
Auteur, quoique la plû-
part des terres labourables
de France ne foient point
à ce prix, c'eft pour deux
ans   4800

Pour les tailles, uftan-
ciles, gabelles, & autres
impôts fur le pied de la
moitié du fermage, com-
me mon Auteur.   2400

Pour femences de deux

cens arpens de froment
ou huit enclos l'automne
1758, à demi-septier par
arpent , cent septiers à
quinze livres.   1500 l.

Pour semences de cin-
quante arpens ou deux en-
clos d'orge le printemps
1758, vingt-cinq septiers
à sept livres.   175

Pour semences de deux
enclos ou cinquante ar-
pens de trefle l'automne
1757, & deux autres en-
clos ou cinquante arpens
l'automne 1758. Je n'en
sçai pas précisément le
prix, mais je suppose dix
livres par arpent, ce qui
surement est bien suffisant.

                          1000

Pour sarcler , je ne
compte rien , parce que

je crois qu'il n'en fera pas
befoin, & au pis aller, on
le peut faire faire par fes
propres gens.

Pour frais de moiffon, &
engrangement des deux
cens arpens de froment à
cinq livres dix fols l'ar-
pent. . . . . 1100 l.

Pour frais de maifon
& engrangement de cin-
quante arpens d'orge à
deux livres. 100

Mon Auteur porte quin-
ze fols pour feptier de bat-
tage, je préfère de mettre
pour deux batteurs à l'année fix cens livres, parce
que le froment auffi-bien
que la paille fe gardent
mieux en le battant à me-
fure. 600

Intérêt de l'argent avan-
cé. 1000

Faux frais & petits ac-
cidens.   500 l.

Total pour clôture,
engrais & culture de la
ferme de l'automne 1757——
à l'automne 1759.   33675 l.

On sera sans doute au premier
abord effrayé d'une telle dépense, & on sera fondé à l'être, puis-
que la somme en seroit suffisante
pour acheter en la plûpart des
Provinces du Royaume le fonds
même d'une pareille étendue de
terres, & peut-être d'une beaucoup plus grande. Je suis persuadé que l'Auteur que j'ai cité, &
suivi en la plûpart de ces évaluations, n'a rien avancé que sur de
bonnes raisons, & sans doute il
a voulu en faire plus vivement
sentir combien peu retire le Fermier, après tant de travaux & de
risques.

En

En effet, il ne lui trouve de bénéfice que 150 liv. par charrue de cent vingt arpens, pour subsister, lui & sa famille ; ce qui est bien chetif, sur-tout pour un Fermier monté, & en fond comme il le suppose ; mais en montrant ainsi le mal un peu plus grand qu'il n'est peut-être, il est dangereux de les décourager & de les détourner d'une profession si nécessaire.

Quant à moi, je suis sûr qu'avec un peu d'industrie & d'œconomie les trois cens arpens peuvent être parfaitement enclos, améliorés & préparés en froment pour la moitié moins de la dépense ci-dessus. Je suis persuadé encore qu'il n'y a point de Fermier un peu actif & intelligent, qui ne le pût entreprendre avec un tiers de ces fonds par devers lui ; & qu'enfin il y a bien peu

de Fermiers dans le Royaume,
qui, en entrant dans une telle
ferme, ayent seulement la sixiéme
partie de cet argent : ainsi ne
nous décourageons pas & voyons
la suite.

Récolte de l'année suivante 1758.

MON Auteur compte six septiers & demi, pour le produit
moyen de chaque arpent ; ainsi
je n'en mettrai pas davantage,
quoiqu'on puisse compter qu'il
fera ici beaucoup plus considérable.

Les cinquante arpens mis en
orge au printemps rendront donc
trois cens vingt-cinq septiers à
7 liv.   2275 l.

Je mets le trefle à
50 liv. par arpent, quoi-
qu'on ait vu ci - devant

qu'il en produifoit 100 liv. en Nivernois, & que les lufernes en rendent autant prefque partout. Les cinquante arpens femés dès l'automne 1757 rendront donc 2500 l.

On peut après les femailles difpofer de fix chevaux ; les fix autres & trois chartiers devront dorénavant fuffire à tous les travaux, il en rentrera 1800

Total de la récolte 1758.   6575 l.

Récolte en automne 1759.

DEUX cens arpens de froment, sur le pied de six septiers & demi par arpent, font treize cens septiers à 15 liv.   19500 l.

Cinquante arpens de trefle semés en 1757, & cinquante en 1758, à 50 liv. l'arpent,   5000

Produit de la ferme, année 1758.   6575

Total des années 1758 & 1759.   31075 l.

On voit maintenant qu'on n'a point à se plaindre; le plus difficile est fait, les terres sont améliorées, enclofes & divisées, la ferme montée & établie, tous ces frais, & l'intérêt même de ces avances se trouvent rentrés à très-peu de chose près. On

peut employer ces fonds à acheter des vaches, des cochons, des
moutons, & autres beſtiaux pour
conſommer les fourages; & ſi cette partie eſt bien conduite, elle
doit rendre autant que les grains.

Ainſi de ce moment on n'a
plus que du profit à attendre,
ſans aucun riſque de ſon capital
qui eſt à couvert; il n'eſt queſtion
que de continuer avec la même
attention & œconomie. Nous allons voir maintenant la dépenſe
& le produit de la troiſiéme année.

Pour que toutes les terres ſoient
ſucceſſivement en herbage, on
doit ſemer en Août ou Septembre 1759 deux nouveaux enclos
en trefle; mais je ne compterai
plus l'achat de la ſemence, parce
qu'on en doit recueillir ſuffiſam-
ment pour ſon uſage, & même
pour en vendre.

E iij

Dépenfe pour la troifiéme année
1760.

Nourriture de six chevaux à
150 liv. chacun.   900 l.

Gages & nourriture
de trois chartiers à 300
liv.   900

Frais de Charon, Bou-
relier, Cordier & Maré-
chal.   600

Fermage à 8 liv. par
arpent.   2400

Tailles, gabelles, &
autres impôts.   1200

Semences de cent
cinquante arpens d'orge
pour fix enclos, foixan-
te-quinze feptiers à 7 l.   525

Frais de moiffon &
engrangement des cent
cinquante arpens à 2 l.   300

Un batteur à l'année.   300 l.
Faux frais.   300

Total de la dépense
pour la troisiéme année.   7425 l.

Produit en automne 1760.

CEnt cinquante arpens d'orge
à six septiers & demi l'arpent ,
font neuf cens soixante - quinze
septiers à 7 liv.   6825 l.

Cent cinquante ar-
pens de trefle à 50 liv.
l'arpent.   7500

Total du produit en
automne 1760.   14325 l.

Dépense pour la quatriéme année
1761.

NOurriture de six chevaux
à 150 liv. chacun.   900 l.

Gages & nourriture
de trois chartiers à 300
liv.   900 l.

Frais de Charon, Bou-
relier, Cordier & Maré-
chal.   600

Comme les deux pre-
miers enclos ont été
trois années en trefle,
ils doivent être labourés
en automne 1760, pour
être femés d'orge au
printemps, & deux de
ceux qui étoient en orge
doivent être labourés &
mis en trefle ; de forte
qu'on n'aura plus que
quatre enclos à mettre
en froment : pour leur
femence cinquante fep-
tiers à 15 liv.   750

Semences de cinquan-
te arpens d'orge de deux
enclos, qui étoient pré-

cédemment en trefle, vingt-cinq feptiers à 7 l.   175 l.

Fermage à 8 liv. l'an par arpent.   2400

Tailles, gabelles, & autres impôts.   1200

Frais de moiffon & engrangement de cent arpens de froment à 5 l. 10 f. l'arpent.   550

—— Frais de moiffon & engrangement de cinquante arpens d'orge à 2 liv. l'arpent.   100

Gages & nourriture d'un batteur pour l'année.   300

Faux frais.   300

Total de la dépenfe de la quatriéme année.   8175 l.

E v

Produit de la quatriéme année 1761.

CENT arpens de froment à six septiers & demi l'arpent, font six cens cinquante septiers à 15 liv.   9750 l.

Cinquante arpens d'orge à six septiers & demi l'arpent, font trois cens vingt-cinq septiers à 7 l.   2275

Cent cinquante arpens d'herbage à 50 liv. par arpent.   7500

Total du produit de la quatriéme année.   19525 l.

Cet automne, deux des quatre enclos qui étoient en froment, doivent être mis en trefle, & deux de trefle doivent être labourés, pour être mis en orge au printems; les deux autres enclos de froment, qui ne peuvent encore être mis en

trefle, doivent être femés en orge
au printemps, mais comme ils
ont produit déja trois récoltes de
grains confécutifs, on doit y fup-
pléer par quinze ou vingt char-
tées de fumier par arpent, afin
de les maintenir en bon état. On
aura donc cette année quatre enclos d'orge, & deux feulement
de froment.

---

*Dépenfe de la ferme pour la cin-
quiéme année 1762.*

NOURRITURE de fix chevaux
à 150 liv. chacun.　　　　900 l.
　Gages & nourriture
de trois chartiers à 300 l.　　900
　Frais de Charon, Bou-
relier, Cordier, Maré-
chal.　　　　　　　　　　600
　Fermage à 8 liv. l'an
par arpent.　　　　　　　2400

Tailles, gabelles & au-
tres impôts.   1200 l.

Semences de cent ar-
pens d'orge pour quatre
enclos, cinquante fep-
tiers à 7 liv.   350

Semences de cinquan-
te arpens de froment
pour deux enclos, vingt-
cinq feptiers à 15 liv.   375

Moiffon & engrange-
ment defdits cinquante
arpens de froment à 5 l.
10 f.   275

Moiffon & engrange-
ment de cent arpens
d'orge à 2 liv.   200

Gages & nourriture
d'un batteur pour l'an-
née.   300

Faux frais.   300
____

Total de la dépenfe de
la cinquiéme année.   7800 l.

Produit de la cinquiéme année 1762.

CINQUANTE arpens de froment à fix feptiers & demi par arpent, trois cens vingt-cinq feptiers à 15 liv. **4875 l.**

Cent arpent d'orge à fix feptiers & demi par arpent, fix cens cinquante feptiers à 7 liv. **4550**

Cent cinquante arpens d'herbage à 50 liv. par arpent. **7500**

Total du produit de la cinquiéme année. **16925 l.**

L'année fuivante, qui eft la fixiéme, on mettra les deux derniers enclos en herbages, les deux plus anciens d'herbages feront labourés pour orge, & les quatre qui étoient en orge feront mis en froment. Ainfi la ferme fera établie en une fucceffion ré-guliere de fix enclos en herba-ges, deux en orge & quatre en froment tous les ans ; au moyen de quoi , & du fumier préparé qu'on aura foin de mettre à la premiere année d'herbages , elle fera fertile pour toujours , & les moiffons augmenteront d'année en année plutôt qu'elles ne dimi-nueront.

Dépenfe de la ferme ainfi réglée pour la fixiéme année 1763.

Nourriture de fix chevaux & trois chartiers , & leurs ga-ges. 1800 l.
Charon , Bourelier, Maréchal & Cordier , &c. 600

Fermages, tailles & impôts pour l'année.   3 600 l.

Cinquante septiers de froment pour semences de cent arpens à 15 liv.   750

Vingt - cinq septiers d'orge pour semences de cinquante arpens à 7 liv.   175

Frais de Moisson & engrangement de cent arpens à 5 liv. 10 sols.   550

Frais *idem*, de cinquante arpens d'orge à 2 liv.   100

Batteur à l'année, & faux frais comme dessus.   600

Total de la dépense pour la sixiéme année.   8.175 l.

Produit de l'année 1763.

CENT arpens de froment à six feptiers & demi par arpent, font fix cens cinquante feptiers à 15 livres.   9750 l.

Cinquante arpens d'orge à fix feptiers & demi par arpent, font trois cens vingt-cinq feptiers à 7 livres.   2275

Cent cinquante arpens d'herbages à 50 livres par arpent.   7500

Total du produit de la fixiéme année.   19525 l.

Ce produit fera folide & éternellement durable, fi pour quelque profit que ce foit, on ne fe laiffe aller à changer cet ordre; il pourra être plus confidérable

par la plus grande quantité ou valeur du bled, lesquelles ont été
évaluées au plus bas, & ne pourront guères être jamais moindres;
les frais pourront l'être, ayant été
évalués au plus haut.

Récapitulation de la dépense & du produit en six ans.

Années.	Dépense.	Produit.
1758 & 1759	3367 5ˡ.	3107 5ˡ.
1760	742 5.	1432 5.
1761	817 5.	1952 5.
1762	7800.	1692 5.
1763	817 5.	1952 5.
	6525 0ˡ.	10137 5ˡ.

Total du Produit. . . . . 101375.
Total de la dépense. . . . 65250.

Bénéfice net. . . . . . 36125.

Si la dépense étoit ménagée
avec toute l'œconomie qu'on y
pourroit mettre, & si on eût
compté les produits sur le pied

de ce que je fçai par mille exemples que les terres ainſi préparées
doivent rapporter , le profit en
ſix années ſeroit bien autrement
conſidérable , & peut - être iroit
au double ; mais on doit être bien
content de celui-là : être rem-
bourſé de toutes ſes avances ,
avoir 36000 livres de profit
net , ſa ferme montée , & en
état de produire au moins 10 ou
12 mille livres par an de revenu clair & ſolide ; enfin qua-
torze ans qui reſtent de bail pour
jouir de tous ces avantages, &
peut-être ſe mettre en état d'a-
cheter une terre de quatre à cinq
fois la valeur de celle qu'on cul-
tive. Y a-t-il au monde aucun
commerce , aucune occupation
dont on puiſſe eſpérer cette for-
tune que promet une agriculture
bien conduite ? Et toutefois eſt-il
un genre de vie qui ſoit accom-

pagné de plus de douceur , d'innocence & de folide fatisfaction ?

Auffi n'eft il pas rare en Angleterre de voir des Fermiers laborieux & intelligens , commencer avec très-peu de capital , & devenir riches de 4, 5, à 6 cens mille liv. de bien ; tandis qu'une infinité d'autres qui s'opiniâtrent dans leur ignorante routine , reftent toute leur vie miférables.

Produit des terres médiocres & des légeres.

LEs fermes de terres médiocres , & celles de terres légeres peuvent fe régler , d'après ce qui a été dit , à peu près fur le même pied ; & avec un peu d'attention & d'induftrie , elles rendront autant que les autres , ou peut-être plus , eu égard à ce que les fer-

mages, & par conséquent les tailles & autres charges en seront
beaucoup moindres. On obser-
vera seulement que, comme en
celles-ci tous les enclos ne peuvent être mis en herbages dans
leur ordre permanent, qu'au bout
de neuf ans, ceux qui resteront
plus de trois années de suite en
grains doivent être fumés cette
troisiéme année, & ensuite de
deux années l'une, tant qu'ils y
resteront; on ne manquera pas de
fumier à cet effet, vû l'abondance des fourages.

Il est d'ailleurs très-vraisembla-
ble, qu'au moyen des divers labours, de la succession des herbages aux grains, & enfin de l'a-
bondance des fumiers qu'on fera
à portée d'y mettre : ces terres
pourront s'améliorer dans la suite
des tems, au point de porter du
trefle, & d'être ainsi remises en

grains par moitié, fuppofé qu'on y gagnât; (*a*) car les Provinces où ces terres légeres fe trouvent plus communément, font fort éloignées de la mer & de tout port; moyennant quoi, on y trouveroit moins facilement le débit de fes grains, que des beftiaux qu'on pourroit élever & nourrir de fes fourages. Ceux-ci fe peuvent toujours mener à pied aux meilleurs marchés, à quelque diftance qu'ils foient; on amene ainfi le bétail de la partie la plus feptentrionale d'Écoffe à Londres, de Dannemark en Hol-

(*a*) On a généralement remarqué en Angleterre que les Fermiers qui mettent la plus grande partie de leurs terres en herbages artificiels, & qui s'adonnent à la nourriture des beftiaux, s'enrichiffent beaucoup plus que ceux qui s'adonnent aux grains; les frais des cultures & femences étant beaucoup plus confidérables pour ceux-ci, & les récoltes plus incertaines, fur-tout s'ils ont peu de fûmier.

lande, & de la Normandie, du Poitou, de Suisse même à Paris.

Si toutefois on persiste à trouver que ce soit une évaluation exorbitante que 50 liv. de produit quitte de tous frais, par arpent d'herbages, sur-tout pour les Provinces de l'intérieur du Royaume; si on allegue que les exemples que j'ai cités sont en lieux où le foin se vend toujours bien, & que la même quantité n'en peut jamais rendre le même produit en le faisant consommer par-les bestiaux, que quand on est à portée de le vendre; je pourrois répondre que j'ai vérifié le contraire, d'autant qu'il est même à observer que ceux qui en nourriront des bestiaux, en recueilleront bientôt beaucoup plus que ceux qui le vendront; car ceux-ci dépouillent tous les ans leur terre de ce qui naturellement devoit retourner à son engrais, tandis que les autres l'enrichissent d'une abondance de fumier qui ne peut manquer d'augmenter tous les ans leurs récoltes de grains & de fourages.

Cependant pour ne laisser aucun scrupule, je réduirai de moitié si l'on veut le produit net des prairies artificielles dans les Provinces intérieures, & je ne le mettrai qu'à 25 liv. tous frais faits. Voyons donc en cette supposition quel seroit le produit dans l'intérieur du Royaume d'une ferme de trois cens arpens, dont on mettroit les deux tiers en luserne ou sainfoin, & un tiers en grains.

Dépenfe annuelle d'une ferme de trois cens arpens de terre médiocre ou légere, dont les deux tiers en luferne ou fainfoin.

LORSQU'IL n'y aura qu'un tiers de la ferme en grains, quatre chevaux fuffiront pour la cultiver, leur nourriture à 150 liv. chacun.   600 l.

Nourriture & gages de deux chartiers.   600

Charon, Bourelier, Cordier, Maréchal, &c.   400

Pour le fermage, tailles, impôts, je mettrai le même prix qu'au calcul précédent, quoiqu'ils foient beaucoup moindres dans ces Provinces.   3600

Trente-trois feptiers
&

& demi de froment pour
femences de foixante-
fept arpens à 15 liv. 500 l.

Seize feptiers & demi
d'orge, pour femences
de trente-trois arpens à
7 liv. 116

Frais de moiffon &
engrangemens de foi-
xante-fept arpens de fro-
ment à 5 liv. 10 fols. 368

Frais, *idem*, de trente-
trois arpens d'orge à 2 l. 66

Un batteur à l'année. 300
Faux frais 200

Total de la dépen-
fe. 6750 l.

Produit annuel de la même ferme.

Deux cens arpens de
luterne ou fainfoin à 25
liv. tous frais faits. 5000

Partie I. F

Soixante-fix arpens &
deux tiers de froment,
évalués fur le même pied
qu'au calcul précédent.   6500 l,

Trente - trois arpens
& un tiers d'orge, éva-
lués pareillement.   1516
____
Produit total.   13016 l,
Dépenfe ci-deffus,   6750
____
Produit net,   6266 l,
____

Selon cette évaluation même,
une ferme de trois cens arpens
rendroit donc encore 6 à 7000 l,
par an de profit net, A la vérité,
j'ai fuppofé qu'on feroit deux récoltes de froment confécutives ;
& je fuis perfuadé que toute terre
en France les pourroit porter ,
après avoir été fix ans en herbages, & améliorée durant ce tems
par les fumiers ; mais quand il y
en auroit de trop légeres pour

cela, une récolte de turneps qu'on pourroit faire entre la moisson du froment & les mars suivans, équivaudroit bien à cette différence.

Résumé & éclaircissemens.

JE m'attends bien qu'on pourra penser que c'est trop astraindre l'agriculture à un système particulier, que de vouloir enclore des terres de toute espece, & en semer toujours une certaine quantité en herbages artificiels, une autre en orge, & une autre en froment deux années de suite ; excluant les jacheres, qu'on avoit toujours regardées comme nécessaires à la préparation des terres pour le froment ; excluant les seigles, & sur-tout les avoines employées par-tout à la nourriture des chevaux; ne faifant mention d'aucunes pâtures, quoiqu'il foit difficile à croire que les beftiaux de toute efpece puiffent être toute l'année nourris fainement à l'étable, & qu'on ne donne point la méthode d'y employer les fourages artificiels ; ne fe fervant que de chevaux aux travaux dont on donne le plan, & femblant en exclure les bœufs ; & ainfi de beaucoup d'autres points fur lefquels on fe feroit fans doute expliqué plus au long, fi on eût prétendu donner un fyftême complet d'agriculture : mais on ne s'eft propofé de donner qu'un effai d'amélioration par les moyens qu'on a déduits, qui font:

1°. La rectification de toutes les terres par leurs mélanges, & la jufte application des divers engrais connus,

2°. Leur clôture & divifion à

quelque ufage qu'on les deſtine.

3°. L'emploi de la moitié ou des deux tiers en herbages artificiels.

4°. La nourriture des beſtiaux ſur les fermes.

5°. Leur ſucceſſion d'herbage en labour, laquelle entretient & augmente leur fertilité.

Aucun de ces principes n'eſt nouveau, même en France; j'y ai vû un Livre écrit en 1600, & dédié à Henri IV, par le ſieur de Serres, Seigneur de Pradel, intitulé, *Théâtre d'agriculture*; il recommande les luſernes & ſainfoins, & en décrit la culture; il dit qu'elles ſe coupent cinq à ſix fois par an, & les regarde comme ſi avantageuſes, qu'il les appelle *les merveilles du ménage*; il recommande expreſſément la clôture des terres, & prétend que l'utilité en étoit dès lors ſi reconnue, que les payſans appelloient un champ bien enclos *la piéce glorieuſe du Domaine*; il parle des grands effets de la marne, de la chaux, des cendres, & recommande ces engrais; enfin il paroît avoir connu preſque tout ce qu’on ſçait encore de mieux en agriculture: mais le Livre eſt un *in-folio* de plus de mille pages, qui n’a point été lu, & on feroit des bibliotheques de tous ceux de ce genre, qui ſont pareillement reſtés inutiles; car les Cultivateurs ne liſent guères, & ce n’eſt pas de gros Livres qu’il leur faut: c’eſt un inconvénient qu’on a cherché à éviter, & qui fait ſupprimer tous les détails que quelques perſonnes pourroient déſirer.

Qu’on eſſaye ſeulement de cultiver, d’après les principes ci-deſſus établis, & qu’on en varie l’application ſuivant les circonſtances & ses propres lumieres.

Si on n'ose risquer les frais considérables des engrais divers sur toutes ses terres, qu'on n'en mette que sur quelques champs ; si on ne veut pas faire la dépense de les enclore & diviser toutes à la fois, qu'on en enclose une partie, & qu'on la subdivise dans la suite à mesure qu'on s'en trouvera bien.

Si l'emploi de la moitié ou des deux tiers des terres en herbages artificiels, paroît d'abord excessif, qu'on y mette quelques-unes de ses meilleures piéces, & des plus mauvaises, & selon le produit & le débouché qu'on en trouvera au-dedans ou au-dehors, on en ajoutera de nouvelles : mais c'est en général une sorte de manie à tous les Fermiers (a) de

______

(a) Elle subsiste pareillement encore parmi quelques Fermiers d'Angleterre.

F iy

penser ne pouvoir faire trop de froment, & quelques-uns se croiroient deshonorés s'ils ne semoient pas leurs deux soles complettes en grains, quand même ils n'auroient pas le tems de leur donner toutes les façons requises. Ce préjugé a passé aux Propriétaires, qui les y obligent la plûpart dans leurs baux; ainsi c'est eux qu'il faut commencer par détromper, les assurant bien que ce sont ces récoltes de grains trop successives sur des terres mal cultivées qui les épuisent; & que ce sont les années en pâtures, & prés naturels ou artificiels, qui les améliorent, par le double moyen du repos & du fumier des bestiaux qu'ils mettent à portée de nourrir; plus on fera d'abord de ces herbages artificiels, plus l'amélioration ira vîte : c'est tout ce qu'on peut assurer.

Les Fermiers ne doivent pas s'allarmer de l'étendue de granges & bâtimens qu'ils pourroient penfer néceffaire pour ferrer la prodigieufe quantité de fourages qu'ils doivent recueillir dans cet ordre de culture ; car les fourages de toute efpece mis en meules , bien faites & bien couvertes de paille , fe confervent plufieurs années auffi parfaitement que fous des toits : il en eft de même des grains lorfqu'on eft dans le cas d'en vouloir garder dans les années abondantes où ils font à bas prix ; ils s'y confervent beaucoup mieux qu'en aucun grenier ; le feul danger eft que les fouris ne s'y mettent, ce qu'on peut prévenir par plufieurs moyens ; ainfi toute l'augmentation qu'il pourroit y avoir à faire dans les bâtimens , feroit pour loger le furplus des beftiaux , & ceux-là fe bâtif-

fent dans la plûpart des Provinces
à peu de frais.

Quant à la maniere de nourrir les beftiaux de ces fourages
artificiels ; durant l'hyver il n'y
a aucun inconvénient de les en
nourrir au fec ; vers la fin d'A-
vril ou au commencement de
Mai, on peut commencer à leur
en donner au verd; mais il ne faut
pas trop fe preffer, de peur de les
dégoûter du fec, avant que les
herbages ne puiffent leur fournir
affez de verd : on fauche alors
tous les jours ce qui eft néceffaire
à leur confommation, & on le
leur donne à l'étable en plufieurs
fois, avec la précaution, comme
on a dit, de le mêler d'abord
avec de la paille, de peur qu'ils
ne le mangent trop avidement.
Cette nourriture eft fi bonne que
les chevaux & les bœufs de labour s'entretiendront auffi vigou-

reux, & rendront autant de ser-
vice que s'ils étoient nourris de
foin & d'avoine ; le travail pre-
viendra d'ailleurs tout danger
d'une nourriture si succulente.

Les vaches à lait pourront être
nourries de même à l'étable sans
inconvénient, & n'en seront que
plus fraiches & plus abondantes :
les chaleurs & les mouches les
fatiguent dans les pâtures, & di-
minuent la quantité de leur lait ;
il ne faut que leur faire prendre
l'air régulierement deux fois par
jour en les menant à l'eau : c'est
ainsi qu'on les nourrit en Flandre, & on sçait que c'est avec
succès.

A l'égard du jeune bétail, il
faut leur en donner moins, le mêler avec de la paille, & les sortir
un peu davantage.

Les moutons doivent être en
été parqués en plein air, au coin

d'un des enclos, de maniere qu'ils
ayent aſſez d'eſpace pour ſe re-
muer ou repoſer à leur aiſe ; on
les y nourrit pareillement de verd
& dans la crêche ou ratelier , &
ils s'en trouvent très-bien , pourvû
qu'on ne leur en donne pas trop à
la fois , & qu'on y mêle d'abord
un peu de fourage ſec.

Il faut auſſi avoir ſoin qu'ils y
ſoient bien ſechement , tant pour
leur ſanté que pour leurs laines ;
& pour cet effet , le Berger doit
tous les deux jours , ou même
tous les jours, répandre de la terre
nouvelle ſur le terrein du parc ,
l'y apportant à la brouette ; leur
fumier ſe mêle avec cette terre ,
& éleve petit à petit le terrein de
pluſieurs pieds d'un engrais très-
précieux.

On peut les y nourrir de même
tout l'hyver au ſec ; mais alors il
faut que le parc ſoit couvert ,

pour les garantir de la pluie, & il
eſt aiſé, en le pratiquant en long,
de le couvrir avec de la paille.

Les cochons peuvent ſe nourrir à la baſſe cour, & ſous le
toiᵈ à l'ordinaire ; ou on peut les
parquer comme les moutons, avec
pareil ſoin d'apporter de la terre
nouvelle ſur le terrein, tant pour
leur ſalubrité que pour augmenter leur fumier ; on les y nourrit
parfaitement de trefle fraîche-
ment coupé, qu'on ne leur donne qu'à meſure qu'ils le mangent,
afin qu'ils n'en gâtent point ; cette nourriture leur convient fort,
& les engraiſſe parfaitement ; ce
ſera, ſi on s'y prend bien, un article d'un produit conſidérable.

Vers la fin de Mai, un peu plutôt ou plus tard, ſelon le climat
& l'année, on fera la premiere
coupe de tous les prés artificiels
deſtinés à mettre en foin ; & pour

peu que la faifon ne foit pas trop
contraire, ils repouſſeront auſſi-
tôt, de forte qu'au bout de quelques jours, on pourra, ſi on le juge
à propos, mettre les beſtiaux en
pâture dans quelques-uns des enclos, réſervant les autres en re-
gains ; cependant je conſeillerois
plutôt de les y réſerver tous, du
moins pour une feconde coupe ;
d'autant que l'herbe croît toujours
mieux, & plus vîte après avoir été
fauchée que pâturée ; on pourra
la faire vers la fin de Juin ou le
commencement de Juillet, & ſi-
tôt, comme on a dit, qu'il paroî-
tra quelques fleurs.

Après cette feconde coupe on
peut mettre les beſtiaux en pâture, fur tous ou partie de fes enclos, pourvû que ce ne foit pas
leur premiere année, & qu'on ne
les y laiſſe pas entrer dans les tems
pluyieux, où ils pétriroient la terre

trop molle. Les cochons peuvent être mis en pâture avec le gros bétail, moyennant la précaution d'un anneau dans le nés; & les moutons ensuite, parce qu'il leur faut l'herbe plus courte, & qu'il y en aura assez pour eux, où les autres n'en trouveront plus.

Le grand danger de faire pâturer ainsi ces enclos, est pour les hayes, quand elles sont encore jeunes; toutes sortes de bestiaux aiment alors à les brouter; cela les rabougrit absolument, & il est important de les conserver d'une belle venue, pour le couvert & l'abri qu'elles doivent procurer dans la suite; c'est pourquoi les Fermiers en Angleterre entourent communément leurs hayes vives de hayes seches, faites à peu de frais de branchages soutenues de piquets; on pourroit prendre cette précaution en France, par-tout où le bois feroit commun, jufqu'à ce que la haye fût affez forte pour fe paffer de cette défenfe.

Des Jacheres.

DANS l'ordre des cultures, j'ai propofé de faire deux récoltes confécutives de froment, après celle d'orge. On peut objeĉter que c'eft trop peu de deux labours pour le froment ; & en effet, M. Duhamel pofe pour principe, & avec grande raifon, que les fréquens labours, brifant & divifant la terre, favorifent puiffamment la végétation ; mais fi cette divifion eft déja faite par un mélange convenable de terres diverfes, ainfi qu'on a éprouvé que c'eft leur effet, il n'y faudra plus autant de labours ; c'eft pourquoi je ne puis m'empêcher de croire

que le meilleur, & presque l'u-
nique moyen de tirer parti de
quelque terre que ce soit, est de
la mélanger avec toute autre terre
ou matiere qui contienne les qualités qui lui manquent, & forme
du tout un lit convenable à la végétation. Une infinité d'expériences ont prouvé en Angleterre que
ce mélange peut rendre fertile la
terre auparavant la plus stérile :
& sans doute il est avantageux
aux hommes que la fécondité de
toutes les terres ait été accordée
à leur industrie, plutôt qu'à quelques especes particulieres ; ils
sont ainsi les maîtres de fertiliser
toute la surface du globe qu'ils
habitent, par les mélanges qu'ils
font par-tout à portée d'y faire,
avec plus ou moins de travail ;
tandis que naturellement elle ne
l'eût été que par places peut-être
assez rares.

Cependant je ne difpute pas
l'avantage d'une année de jacheres, pour préparer la terre
au froment par les labours fréquens qui la tiennent ouverte aux
influences de l'air, du foleil, des
rofées, des pluies, des neiges &
des gelées, en même-tems qu'ils
détruifent les mauvaifes herbes;
c'eft pourquoi fi quelques-uns
préferent de conferver cette pratique, loin de les défapprouver je
leur indiquerai la maniere de s'y
prendre, pour ne perdre néanmoins aucune année de récolte
fur les terres.

Ordre de culture admettant les Jacheres.

JE fuppofe que le Fermier ait un
bail de vingt ans pour trois cens
arpens; au lieu de les divifer en
douze ou en dix-huit, comme il

a été dit, qu'il les divise en vingt
enclos de quinze arpens chacun
par six fossés en large, & cinq en
long, suivant la figure, qui n'augmente pas la dépense de 100 livres.

Qu'il mette dix de ses enclos
en herbages artificiels de l'espece
qu'il jugera le mieux convenir à
son terrein, & qu'il essaye, s'il
veut, de toutes; la variété n'en
fera qu'avantageuse pour les bestiaux, & il en sera quitte pour se
fixer, s'il est nécessaire, à celle qui
réussira le mieux; qu'il mette les
dix autres en labours, changeant
tous les ans deux enclos de l'un
en l'autre, moyennant quoi chacun des vingt sera successivement
cinq ans en herbages, & cinq ans
en labour, & nous allons voir
quelle sera la disposition de ses
terres durant ces cinq années de
labour.

Suite des labours durant cinq années.

DEux enclos d'herbage feront l'automne de leur cinquiéme année labourés, pour refter en jacheres tout l'hyver, & on y pourra mener les moutons, en gardant-foigneufement les hayes.

Au printems on leur donnera un fecond labour, & en Avril on en femera un des deux en navets, qu'on pourra faire manger aux moutons & autres beftiaux durant l'été dans le champ même ; ils y détruiront en même tems les mauvaifes herbes avant qu'elles montent en graine, & donneront à la terre une excellente préparation pour le froment. Le fecond enclos, fuppofé qu'on ne juge pas à propos de les mettre tous deux en navets, fera femé en pois,

feves, lentilles, veffes, ou autres
légumes qu'on peut faire manger
pareillement aux beftiaux dans le
champ, ainfi que les Fermiers le
pratiquent en Angleterre, quand
ils jugent cet engrais néceffaire ;
cependant comme dans le cas
préfent, il ne le fera pas, on les
pourra recueillir ; & de l'une &
de l'autre façon le froment réuf-
fira enfuite auffi-bien que fi la
terre étoit reftée en repos, d'autant que c'eft le propre de ces légumes de conferver fa furface fraîche & meuble, & d'en détruire
les mauvaifes herbes.

Soit navets ou autres légumes,
& foit qu'ils foient mangés dans
le champ ou recueillis, ils vien-
dront au moins 50 liv. l'arpent
s'ils font bien faits, & qu'on en
fache tirer le parti convenable.

Le chanvre & le lin réuffiffent
parfaitement bien la premiere an-

nées d'un herbage défriché, pourvû que la terre en soit parfaitement ameublie ; ainsi pour peu
que le sol soit bon, & que la terre
ait un peu de fond, on peut en
mettre sur un des deux enclos ; la
récolte en est très-avantageuse,
& ils laissent la terre en bon état,
tant de leur nature que par la culture préalable qu'ils exigent : ils
l'épuisent néanmoins un peu plus
que les légumes ; mais ces herbages défrichés sont si fertiles,
que souvent le froment y vien-
droit trop fort, s'il n'étoit précé-
dé de quelqu'autre récolte.

SECONDE ANNÉE DE LABOUR.

À mesure que les diverses récoltes sont faites, on donnera le
troisième labour aux terres, &
ensuite le quatrième pour les semer en froment, avec les précautions qu'on a détaillées.

Troisiéme année de labour.

Aussi-tôt après la récolte du froment les deux enclos feront labourés pour paffer l'hyver en jacheres ; on les relabourera au printems pour les femer en orge ou en avoine, comme on voudra, & la récolte en fera très-confidérable.

Quatriéme année de labour.

Dès que ces grains feront recueillis on labourera les deux enclos pour paffer l'hyver en jacheres ; & comme ces terres auront déja porté trois récoltes, il fera bien d'y mettre douze ou quinze tombereaux par arpent de fumier préparé avec de la terre, comme il a été prefcrit ; on donnera un fecond labour au printems, & on femera des navets ou autres légumes dont on a parlé ; le chan

vre & le lin réuſſiſſent mieux
la premiere année du défrichement; ainſi on ne conſeilleroit
pas d'en mettre celle-ci.

Mais une choſe que les bons Fermiers pratiquent ſouvent, c'eſt
de ſemer du trefle avec l'orge ou
l'avoine de la troiſiéme année; ils
le font paître l'automne quand
ces grains ſont recueillis, ils y
font une abondante récolte en
Mai ou Juin de l'année ſuivan-
te, après quoi ils le font encore
paître à leurs beſtiaux juſqu'au
moment de les labourer à la fin
de l'été, ces beſtiaux s'y engraiſ-
ſent merveilléuſement, ainſi que
le terrein, par leur fumier.

CINQUIÉME ANNÉE DE LABOUR

Soit que les deux enclos ayent
été mis en légumes ou en trefle,
on leur donnera deux labours
l'automne, pour les ſemer en
froment,

froment, qui réuſſira parfaitement ; ſouvent même il réuſſit
avec un ſeul; mais je conſeillerois toujours d'en donner deux,
& on eſt ſûr d'en être amplement
payé.

Après la récolte du froment,
les deux enclos ayant été cinq années en labour, ſeront labourés
l'automne, & ſemés en tel herbage artificiel qu'on jugera convenable, pour y reſter cinq ans,
au bout deſquels ils ſeront remis
en labour pour cinq autres années.

Par cette ſucceſſiou, qu'on peut
obſerver invariablement, il y aura
tous les ans dix enclos en herbages artificiels, quatre en froment,
quatre en chanvre, lin, navets,
pois, feves, lentilles, veſces &
autres productions utiles, & deux
en orge ou avoine. Ce qui pourroit s'oppoſer à cet arrangement,
c'eſt que le trefle ne dure guères

Partie I.   G

que trois années, & qu'à la cinquiéme il ne s'en trouvera prefque plus : mais voici comment
on pourra l'y entretenir.

La premiere année on le coupera pour la nourriture des beftiaux, en verd, & enfuite en fec; la
deuxiéme année on y fera encore
une coupe ou deux felon le tems ;
après quoi on le laiffera monter
en graine ; & quand elle fera parfaitement mure., on y mettra les
beftiaux l'automne. Ils fouleront
la femence dans la terre , qu'ils
enrichiront d'ailleurs de leur fumier ; & s'ils ne mangent pas alors
une partie des tiges trop endur-
cies du trefle, on les y mettra au
printems , où ils les mangeront
volontiers quand les gelées & les
pluies les auront attendries. S'il
en refte fur le terrein , on l'en
nettoyera foigneufement , & on
aura enfuite une coupe ou deux

très-abondantes ; après quoi on le laiſſera encore monter en graine , & de même les années ſuivantes. On aura ainſi chaque printems un plan de nouveau trefle avec l'ancien ; à la cinquiéme année il ſera inutile de le laiſſer monter en graine , & on le fauchera ou fera pâturer à l'ordinaire pour le labourer l'automne.

Le cas de la luſerne & du ſain-foin eſt tout oppoſé : j'ai recommandé de les ſemer ſeuls l'automne, quand ils doivent reſter ſix ans de ſuite ou davantage ; mais s'ils ne reſtent que cinq ans, comme ils ne ſont pas, ainſi que le trefle, en plein rapport la premiere année, je conſeillerois de les ſemer avec le froment de la cinquiéme année , ſoit en même tems que lui ; ſoit au printems , comme on fait le trefle en Flandre , en paſſant le rouleau ou la

herfe par-deffus ; ils reftent cette
premiere année trop foibles pour
nuire au froment, & fe fortifient
pour être en plein rapport l'année
fuivante , qui eft leur premiere
d'herbage.

Du feigle & des avoines.

J'AI dit que je ne confeillois ni
l'un ni l'autre , parce que le froment & l'orge rendroient beaucoup davantage , & que je pré-
tendois que toutes les terres du
Royaume pourroient être améliorées au point d'en porter , même les landes de Bordeaux ; cependant par-tout où on trouvera
que la plus grande quantité de
feigle compenfera avec quelqu'a-
vantage la différence de fon prix
à celui du froment, on fera bien
d'en femer ; mais je crois que cela
arrivera rarement.

'A l'égard de l'avoine, comme on eſt preſque par toute la France dans l'uſage d'en nourrir les chevaux, & que néanmoins elle eſt preſque toujours à meilleur marché que l'orge ; ceux qui craindront que le changement ne fût ſujet à quelques inconvéniens , gagneront encore à ſemer de l'orge pour le vendre & acheter leur avoine ; quand pluſieurs en auront fait autant, elle deviendra plus rare, & on adoptera l'uſage de l'orge qui vaut mieux, ou ſi on continue de préférer l'avoine pour les chevaux, elle renchérira aux dépens de l'orge ; & alors le laboureur reviendra à en ſemer , & en recueillera autant ſur un arpent d'herbage défriché, que ſur quatre de l'ancienne culture.

C'eſt ainſi qu'en général il faut que chacun faſſe librement & hardiment l'emploi de ſon terrein qu'il juge clairement lui devoir rapporter davantage, sans jamais dire, Si tout le monde en fait autant, qu'en ferons-nous ? ou, Si personne n'en feme, où en trouverons-nous ? Dans un pays abondant comme la France, où tout doit se communiquer, on doit trouver de tout avec son argent; toute production doit prendre naturellement le niveau de son prix proportionné à son utilité, rareté, difficulté; & tout sage laboureur doit donner la préférence à la culture de la production dont le prix combiné avec la nature de son terrein, & les frais, lui promet plus de profit.

La défense de l'augmentation des vignes deviendroit alors inutile; car la culture des grains & des herbages feroit généralement plus profitable, & toujours plus assurée,

De l'usage des bœufs pour les labours.

SI je n'ai employé que des chevaux dans le plan des travaux que je propose, ce n'est pas que je préfere leur usage à celui des bœufs ; mais parce qu'étant de plus grande dépense, je n'ai pas voulu qu'on me soupçonnât de chercher à la diminuer pour augmenter les produits dans les calculs que j'en ai donné.

M. Quesnay le fils, dans la comparaison qu'il fait du travail des uns & des autres, à l'article *Fermiers*, donne hautement la préférence à l'usage des chevaux ; & il a raison eû égard à la maniere dont on employe les bœufs presque par toute la France ; car, ainsi qu'il l'observe très-

bien, on les met tout l'été dans
de maigres pâtures, où ils fe fatiguent à chercher une nourriture
à peine fuffifante pour les faire
vivre, & non à leur donner de la
vigueur pour le travail ; le peu de
fumier qu'ils font, répandu dans
ces vaftes terreins, n'y eft d'aucune utilité ; & il ne refte que celui de quelques mois d'hyver, où
ils n'ont que des pailles pour leur
nourriture.

Mais fi par le moyen des herbages artificiels ils étoient nourris toute l'année à l'étable, l'été
en verd, mêlé d'abord avec un peu
de paille comme j'ai dit, & l'hyver en foin & paille, avec de bonnes litieres pour repofer, ils feroient en état de faire prefque autant d'ouvrage que les chevaux ;
car fi leur travail eft plus lent, ils
peuvent le fupporter plus long-
tems ; ils feront en toute faifon

deux attelées, depuis la pointe du
jour jufqu'à la nuit , moyennant
deux heures de relâche à midi &
quatre dans les chaleurs de l'été ,
où ils trouveront à l'étable une
bonne nourriture & le repos ; ils
y feront pour le moins autant de
fumier que des chevaux ; & au
bout d'un certain tems feront excellens à engraiffer pour le bou-
cher, ce qui eft une grande reffource que les autres n'ont pas.

Si j'avois donc à donner la préférence , ce feroit au labour des
bœufs ; cependant je ne confeille
de changemens que ceux que je
crois abfolument néceffaires ; ainfi
chaque Province peut s'en tenir
à fon ufage ; mais je penfe qu'en
celles où on fe fert de chevaux ,
on feroit bien d'employer à leur
place de bonnes & fortes jumens,
puifque les herbages artificiels
donneront la facilité d'en nour-

rir davantage, & d'élever leurs
poulains à peu de frais; c'est ainsi
qu'il se pratique en plusieurs lieux
d'Angleterre, & par-tout en Flandre & en Hollande, où on sçait
l'opulence des Fermiers.

Pour confirmer tout ceci, j'a-
jouterai le calcul d'une ferme de
trois cens arpens dans l'intérieur
du Royaume, labourée par des
bœufs, & disposée comme j'ai dit
en vingt enclos, alternativement
cinq ans en labour, & cinq en herbages, & je continuerai d'y porter la dépense au plus haut, &
le produit au plus bas.

*Dépense annuelle d'une ferme en
vingt enclos, successivement cinq
années en herbage, & cinq en
labour.*

QUOIQUE j'aye avancé que les
bœufs nourris comme ci-dessus,

feroient prefque autant d'ouvrage que des chevaux, je mettrai, pour éviter toute difpute, deux bœufs pour un cheval ; & quoiqu'on ait vû ci-deffus qu'un arpent d'herbage artificiel nourrit trois bœufs toute l'année, j'en mettrai néanmoins un pour chacun; ainfi douze bœufs à un arpent chacun à 25 l. coûtera de nourriture   300 l.

Nourriture & gages de trois chartiers à 300 liv. chacun.   900

Nourriture, &c. de trois garçons à 150   450

Charron, Bourelier, Cordier & Maréchaux de fer.   500

Fermages, tailles & impofitions de l'année.   3600

Trente feptiers de froment pour femences de foixante arpens à 15 l.   450

Quinze feptiers d'or-

ge ou d'avoine pour fe-
mences de trente arpens
à 7 liv.   105

Frais de moiſſon &
engrangement de ſoi-
xante arpens de froment
à 5. liv. 10 ſols.   330

Frais *idem*, de 30 ar-
pens d'orge ou avoine
à 2 liv.   60

Un bateur à l'année.   300
Faux frais & accidens.   300

Total des frais de
l'année.   7295 l.

Produit annuel de ladite Ferme.

CENT cinquante arpens d'herbages à 25 liv. l'arpent tous frais
faits.   3750 l.

Soixante arpens de
froment à ſix ſeptiers &

demi l'arpent font trois cens quatre-vingt-dix septiers à 15 liv. 5850

Trente arpens d'orge ou avoine à six septiers & demi font cent quatre-vingt-quinze septiers à 7 liv. 1365

Soixante arpens de navets, pois, févrolles, vefces, lentilles, chanvre & lin; j'ai dit que chaque arpent de ces productions pourroit rendre l'un dans l'autre 50 liv. & c'est les mettre au-dessous de leur valeur; cependant comme je n'ai porté en dépense ni leurs semences, ni les frais de leurs cultures, n'ayant rien qui puisse me régler sur cette supputation en

France, je pense laisser
de la marge, en met-
tant chaque arpent l'un
dans l'autre à 30 livres
tous frais faits, cela fait
pour soixante arpens.　　1800 l.

Total.	12765 l.
Dépense ci-dessus.	7295
Produit net de la fer-me tous frais déduits.	5470 l.

Selon ce calcul, tout Propriétaire qui fait cultiver ses terres
par des Métayers, n'auroit donc
qu'à faire la dépense d'enclôre,
diviser & faire cultiver chacune
de ses fermes en la maniere ci-
dessus, & retirant ensuite la moitié du produit ainsi qu'il se pratique avec les Métayers, il auroit
plus de 6000 livres de revenu
clair & net par chaque trois cens
arpens, ce qui je crois est fort

différent de ce qu'aucun en retire maintenant.

Le Métayer ayant de son côté
les 2400 liv. du prix du fermage
à déduire de sa dépense, elle ne
seroit plus que de 4895 liv. qui
déduits de 6382 liv. moitié du
produit, resteroit 1487 liv. de
profit net, ce qui est plus que ne
retire maintenant aucun Métayer
d'une telle étendue de terres,
sans compter que, travaillant
avec leur famille, ils épargnent
une grande partie des frais des
valets.

Nouvel exemple qui confirme ce qui a été dit.

J'AI toujours évité de citer aucun exemple tiré d'Angleterre,
pour n'appuyer mes calculs que
sur ce qui est connu en France :

voici donc un fait rapporté par
l'Auteur *des Prairies artificielles*,
qui diminuera l'incrédulité qu'on
pourroit avoir aux espérances que
je me crois fondé à donner.

Il dit qu'un particulier en Champagne (& je m'imagine que c'est
lui-même) entreprit de faire valoir une ferme à lui de deux cens
vingt-cinq arpens; dans ce corps
de ferme, il y avoit dix à douze
arpens tant prés que marais, qui
ne nourrissoient que cinq ou six
vaches, & environ une trentaine
de moutons; il y ajouta petit à
petit des sainfoins jusqu'à la concurrence d'un quart de son terrein en herbage naturel & artificiel, & augmenta à mesure le
nombre de ses bestiaux; enfin par
l'engrais seul de leur fumier qu'il
répandoit à l'ordinaire sur les
trois autres parties de ses terres,
il les améliora au point de pou-

voir louer fa ferme au quintuple
du prix qu'elle l'avoit jamais été.
Entr'autres une piéce de vingt-
quatre arpens de cette ferme fut
améliorée par ces feuls moyens
au point de produire des récoltes
de froment de quinze fois la valeur de celles de feigle qu'on y
avoit toujours faites.

L'Auteur ajoute que ces épreuves avoient couté beaucoup plus
qu'il ne feroit néceffaire maintenant que la route eft frayée, fur-
tout ayant été obligé d'ajouter
des bâtimens pour fes beftiaux,
& que néanmoins il avoit toujours retiré douze, quinze &
vingt pour cent par an de fes
avances.

Ce fuccès eft remarquable en
France, où ces fortes d'améliorations ne font encore guères
connues ; cependant je laiffe à
penfer combien ce Propriétaire

auroit encore augmenté fa ferme
au-delà, s'il eût enclos & divifé
fes terres, s'il les eût améliorées
avec difcernement par les engrais
& les mélanges convenables ;
enfin s'il en eût mis la moitié
tout d'un coup en herbages artificiels ; & augmentant à proportion fes beftiaux, s'il eût employé
leur fumier conditionné avec les
foins que j'ai recommandés.

On peut faire, en quelque Province du Royaume que ce foit,
l'épreuve de ces moyens d'amélioration, & bientôt toute la
France fera convaincue de leurs
avantages, en la voyant s'enrichir & fe peupler en peu d'années, tandis que les autres refte-
ront dans l'état languifant où elles font pour la plûpart réduites.

SECONDE PARTIE.

AVANTAGES ŒCONOMIQUES De notre Culture dans le Royaume.

Augmentation de la quantité des Grains.

PEUT-ESTRE on dira que je propose de mettre trop de terres labourables en herbages, & trop peu en grains néceſſaires à la nourriture des hommes ; mais on ne fera pas cette objection, ſi on conſidere que dans une ferme de trois cens arpens, ſelon la culture ordinaire par tiers, qui eſt réputée plus avantageuſe que par moitié, on ne met par an que cent arpens en froment, cent ar-

pens en avoine, & le reste en jacheres à peu près inutiles ; &
selon celle-ci cent arpens en froment, cinquante en orge & cent
cinquante en herbages ; & qu'il
y a par conséquent autant d'arpens en froment dans l'une que
dans l'autre, avec la différence
qu'on éprouvera que les nôtres
ainsi améliorés & disposés en rendront beaucoup davantage.

De plus, si par ces mêmes
moyens, la moitié & plus peut-
être des terres labourables de
France maintenant incultes, ou
trop maigres pour porter du froment, se peut améliorer au point
de rapporter autant de bled que
les autres, la quantité de grains,
loin d'être diminuée dans le
Royaume, y seroit augmentée au
point, non-seulement de suffire
à sa consommation, mais d'en
fournir encore une partie consi-

dérable pour l'exportation ; c'eſt
ce que nous allons montrer par le
calcul ſuivant.

Il paroît par la nouvelle carte
de la France levée géométrique-
ment par ordre du Roi , que le
Royaume contient au moins cent
trente millions d'arpens : qu'on en
retranche plus de la moitié pour
les vignes , prairies , bois , montagnes , rivieres , chemins , empla-
cemens des villes , des villages ,
&c. on peut bien ſuppoſer qu'il
en reſte ſoixante millions , qui ,
moyennant les améliorations que
je propoſe pour une partie , ſeroient propres à la culture des
grains , légumes & herbages. (a)

Que de ces 60 millions , il n'y
en ait tous les ans que vingt-qua-

____

(a) M. de Vauban compte plus de cent
quarante millions d'arpens dans le Royaume ,
dont il ſuppoſe quatre-vingt-un millions en
terres labourables , outre les prés , vignes ,
bois , &c. non compris la Lorraine.

tre millions, ou un peu plus du tiers, d'employé en grains de toutes fortes, & qu'enfin chaque arpent l'un dans l'autre ne produife que cinq feptiers, ce qui eft auffi bien modique , le produit total fera néanmoins de cent vingt millions de feptiers. (*a*)

Maintenant, fi on eftime la population actuelle de France à vingt millions (*b*) d'hommes , leur nourriture à trois feptiers par homme montera à foixante millions de feptiers par an, & mettant en fus trente millions de feptiers pour la nourriture des

---

(*a*) Dans l'Encyclopédie, à l'article *Blés*, on ne compte que trente-fix millions d'arpens cultivés en grains , dont douze en froment, douze en mars , & douze en jacheres , & on n'eftime la récolte annuelle de froment qu'à quarante-cinq millions de feptiers.

(*b*) M. Dupré de Saint-Maur n'eftime la population actuelle de France , qu'environ feize millions d'hommes , & la récolte année commune de froment, qu'à trente-fept millions de feptiers.

beſtiaux & volailles, évaluations l’une & l’autre trop fortes, il reſtera néanmoins encore trente millions de ſeptiers à exporter. Nous les évaluerons à 10 liv. le ſeptier de grain l’un dans l’autre, prix moindre d’un tiers que celui auquel on compte que l’Angleterre vend tout le grain qu’elle exporte, il ne réſulte pas moins une ſomme de trois cens millions de cette exportation annuelle.

Mais, ſi chaque arpent l’un portant l’autre en rendoit près de dix ſeptiers (& je penſe que par cette culture, il en approchera plus que de cinq) à quelle ſomme immenſe en iroit l’exportation ?

Multiplication des beſtiaux.

SI l’agriculture eſt, comme on voit, défectueuſe en France quant

au produit des grains , puifque
prefque tous les ans , loin d'en exporter , elle eſt au contraire obligée d'en tirer beaucoup de l'Etranger; elle l'eſt encore bien davantage fur l'article des beſtiaux. Il eſt
certain qu'il n'y a pas entr'autres
la dixiéme partie des moutons
qu'il y a en Angleterre. La différence n'eſt peut-être pas ſi grande
quant au nombre des chevaux ,
des bœufs , des cochons , &c.
mais auſſi la France eſt beaucoup
plus conſidérable , & par l'étendue de ſon territoire , & par ſa
population. Il eſt donc certain
que le nombre des beſtiaux y eſt
infiniment diſproportionné à l'un
& à l'autre. Or le ſeul moyen de
l'augmenter eſt de multiplier les
fourages; & on doit d'autant plus
s'y prêter , que les terres en ſeront améliorées , & porteront ,
après avoir été en herbages , de
plus

plus grandes récoltes en grains.

Que des foixante millions d'arpens cultivés par notre méthode, il y en ait donc vingt-quatre millions, comme on a dit, en grains, fix millions en chanvres, lins, turneps & légumes; & que les autres trente-fix millions foient en prairies artificielles, ils fuffiront, avec les pailles des grains pour nourrir le nombre de beftiaux ci-après.

Huit millions d'arpens pour les chevaux à deux par arpent.   16 millions.

8000000 pour les bœufs à 3 par arpent.   24

Douze millions pour les moutons à douze par arpent.   144

2000000 pour les cochons à 10 par arpent.   20
____
204
____

Trente millions d'arpens en herbages, avec les pailles des grains, nourriront donc deux cens quatre millions de beſtiaux grands & petits; nombre prodigieux & d'une valeur immenſe ; & cela ſans compter tous ceux qui pourront être nourris dans les montagnes, les bois, bas prés & autres terreins non compris en notre culture.

Il eſt donc évident que ſi cette culture étoit adoptée, les grains & les beſtiaux ſeroient fort multipliés en France : outre l'exportation conſidérable qui s'en pourroit faire, chaque habitant du Royaume ſeroit bien nourri, bien vêtu, & dans l'abondance. Les enfans trouveroient à ſe marier, & à s'établir de meilleure heure; la population augmenteroit en conſéquence ; les manufactures & le commerce s'accroîtroient à

mesure ; le peuple seroit riche ,
& le Monarque puissant.

Augmentation de la valeur des terres & des revenus de l'Etat.

CE n'est pas une chose rare en
Angleterre que les terres bien
cultivées produisent en grain ou
en fourage six, huit, dix & douze
louis l'arpent, les frais compris :
cela va même quelquefois plus
loin.

J'en pourrois citer mille exemples, si je ne m'étois prescrit
de ne m'appuier que sur ceux
bien avérés de ce pays-ci même ;
en voici néanmoins un qui, par
sa singularité & sa notoriété, mérite d'être rapporté.

Une société d'agriculture établie à Dublin proposa un prix
en 1742, pour celui qui recueil-

leroit la plus grande quantité du
meilleur froment fur une acre de
terre. Il fut gagné par le fieur
Yelverton, qui prouva avoir recueilli neuf mille trois cens foi-
xante-trois livres de bon froment
fur une acre : le fait fut infcrit
avec fes circonftances dans les re-
giftres de la Société, & fut pu-
blié par toute la Grande Bretagne. Cela fait environ trente-neuf
feptiers de Paris, de deux cens
quarante livres, qui à 15 liv.
comme nous l'avons évalué ci-
deffus, à bon marché, font 585
livres de produit pour une acre
d'Angleterre, laquelle eft plus
petite d'environ un feiziéme
que l'arpent de cent perches
de vingt pieds de Roi. On fent
bien qu'une récolte fi prodigieufe ne peut fonder aucun calcul ;
mais elle prouve du moins à quel
point une bonne culture peut

porter le produit des terres ; &
elle apprend à tout Fermier que
c'eſt moins l'étendue de terres
qu'il met en grains, que l'eſpece
de culture qu'il leur donne, qui
décide de la quantité qu'il en recueille.

Les Auteurs Anglois ſont pleins
de pareils exemples de récoltes
extraordinaires d'orge & d'autres
grains ſur des terres bien préparées : ces faits doivent rendre
moins ſurprenant ce que les Hiſ-
toriens racontent de l'ancienne
fertilité de l'Egypte & de la Sicile ; & expliquent comment le
petit territoire de la Judée nour-
riſſoit autrefois un peuple ſi nom-
breux (*a*). Les terres de preſque
tout pays en feront encore autant,
toutes les fois qu'on mettra la

(*a*) Voyez les Mœurs des Iſraëlites, par
M. l'Abbé de Fleury.

même induſtrie à les cultiver.

L'ordre de culture que j'ai expoſé, eſt démontré ſi favorable à toute production, que les terres ne rendront jamais moins de trois, quatre & cinq louis l'arpent, & le plus ſouvent davantage ; à n'évaluer néanmoins l'arpent l'un dans l'autre qu'à 50 liv. par an de produit, les frais non déduits. Soixante millions d'arpens ainſi cultivés donneront un produit annuel de trois milliars ; ſans compter celui des prés bas, des vignes, des bois & des fruits.

Cependant, pluſieurs prétendent que le produit entier des terres de France de toute eſpece, ne paſſe pas huit cens millions ; d'autres à la vérité le font monter à dix-huit cens, ce qui eſt fort différent. Je penſe que ces deux calculs péchent par les

extrémités oppofées : mais quand
on prendroit le plus fort, on voit
qu'il feroit encore bien au-def-
fous du produit de nos foixante
millions d'arpens.

Voyons maintenant l'avantage
qui pourroit en réfulter pour les
revenus de l'Etat, fi le Roi jugeoit à propos de changer le fyftême actuel des finances, en une
taxe fur les terres à peu près fem-
blable à celle que propofoit M.
de Vauban.

Sa dixme royale prife en nature fur toutes productions, ayant
été jugée peu praticable, &
fujette à une infinité d'inconvéniens, elle pourroit être payée
en argent, fur la totalité des productions énoncée aux déclara-
tions des fermiers ou des propriétaires. Il y auroit bien des moyens
nullement onéreux de s'affurer de
leur exactitude, comme le témoi-

gnage feul des Curés & Notables
de chaque lieu , engagés en con-
fcience, en honneur , & par leur
intérêt même d'y veiller , afin
que le poids des impofitions fût
toujours également diftribué ; &
le recouvrement pourroit , comme en Angleterre , en être fait
par la Province , & porté au Tréfor Royal , fans l'entremife de
Commis d'aucune efpece, & fans
frais à l'Etat.

Ce changement feroit , fi on
l'ofe dire , bien avantageux à tous
égards, mais fur-tout pour l'agriculture ; la délivrant des tailles
& gabelles , & aboliffant tant d'e-
xemptions & de priviléges qui
font la ruine des peuples.

Surquoi j'efpere qu'il ne fera
pas pris en mauvaife part fi j'a-
vance que , tant s'en faut que les
grands & les riches duffent être
exempts aux dépens des pauvres ,

& réellement aux dépens du Royaume en général, qu'au contraire ces étendues de bonnes terres qu'ils employent en jardins somptueux & en parcs immenses pour leurs plaifirs, devroient felon toute raifon & juftice, être impofées fur le même pied, du moins, que les champs cultivés par les pauvres à la fueur de leur front : car le produit de toute terre eft la bafe naturelle des revenus publics, & tout terrein perdu en luxe, & vaine oftentation, loin d'être exempt, devroit plutôt payer une double taxe.

Je prétends même qu'en général ce feroit l'intérêt des riches de concourir à demander qu'il n'y eût plus d'exemptions d'aucune efpece; car leurs Fermiers, furchargés par l'impofition arbitraire & inégale des tailles, demeurent la plûpart fi pauvres, qu'ils ne peuvent faire les frais qu'exige une bonne culture; le produit des terres diminue, ils s'appauvriſſent de plus en plus, ſe découragent, & enfin abandonnent leurs fermes; alors elles reſtent en friche, & en ſi mauvais état, qu'aucun Fermier n'oſe enſuite s'en charger : cependant la part des impoſitions que payoient ces fermes abandonnées retombe ſur les autres Fermiers, & bientôt les réduit à en faire autant.

J'en prends à témoin tout poſſeſſeur de terres dans l'intérieur du Royaume, qui n'a pas dédaigné de prendre connoiſſance de ſes affaires; & ſi quelques-uns ont réuſſi par leurs ſoins à les maintenir en meilleur état, ils ne peuvent ignorer en quelles détreſſes ſont leurs voiſins. Ainſi la miſère des Cultivateurs retombe enfin

fur les propriétaires, après avoir
fait à l'Etat le double tort de laif-
fer les terres incultes & de diminuer la population. Mais reve-
nons à notre calcul.

Le produit annuel des terres
en notre culture étant évalué à
trois milliards, fi le Roi établif-
foit la dixme royale en argent, à
la vingtiéme partie comme le
propofoit M. de Vauban pour
le plus bas en tems de paix, elle
produiroit 150 millions.

La dixme des bois, des prés
bas, des vignes, des fruits & des
maifons, & quelques articles des
revenus publics qu'on pourroit
conferver comme peu à charge,
& fans inconvéniens pour l'agriculture & le commerce, produiroient encore plus de 100 millions.

Le Roi auroit donc un revenu
clair & net de 250 millions,

fans que fes Sujets s'apperçuf-
fent, pour ainfi dire, qu'ils payent
rien : & s'il jugeoit néceffaire
dans des tems de guerre & de
dépenfes extraordinaires, de porter la dixme royale jufqu'à la dixiéme partie, il auroit 4 à 500
millions ; fomme fuffifante aux
plus grands béfoins de la France, & telle que l'Angleterre ne
l'a jamais levée dans fes plus extraordinaires efforts. Toutefois,
elle feroit peu fentie par les peuples, qui délivrés de toutes autres charges, payeroient avec
joie la dixiéme partie de leur récolte, pour vivre des neuf autres
en paix & dans l'abondance. (*a*)

(*a*) On pourroit peut-être trouver une maniere encore plus fimple de percevoir les revenus de l'État.

OBJECTIONS.

Je fçai que quelques-uns ont
foutenu qu'il feroit inutile d'augmenter l'agriculture en France ;
parce que ce Royaume eft dans
une forte de néceffité de recevoir de l'Etranger quelques denrées en échange des fuperflui-
tés qu'on eft bien aife de l'engager à en tirer.

Ils difent encore que, fi l'a-
griculture étoit portée à fa perfection, le prix des grains & des
beftiaux y tomberoit au point de
rendre bientôt la condition des
Fermiers, & même des Propriétaires tout auffi fâcheufe qu'auparavant.

Et enfin que, quand on pourroit en exporter quelque fuper-
flu, & en trouver un bon débit
chez l'Etranger, ce ne feroit jamais une reffource pour les Pro-

vinces de l'intérieur & éloignées
de la mer ; lesquelles n'étant
point à portée de rien exporter,
font déja affez fouvent embarraf-
fées de leurs denrées, & ne fçau-
roient abfolument que faire d'u-
ne plus grande abondance.

RÉPONSES.

On ne penfe pas que de pareils raifonnemens puiffent faire
grande impreffion dans un pays
auffi éclairé que celui-ci.

En effet par-tout la bonne
politique, loin de borner l'induftrie du Cultivateur, cher-
che au contraire à l'exciter à la
culture des diverfes productions
qu'il eft toujours avantageux de
fe procurer, tant qu'on le peut
de fon crû ; & c'eft toujours par
néceffité, & non pour favorifer
ou flatter fes voifins, qu'on tire
d'eux les diverfes marchandifes

dont on manque pour fa fubfiftance ou fon luxe.

Le prix des grains ne pourroit
guères tomber trop bas, ni monter trop haut en France, fi leur
commerce y étoit libre, puifqu'apparemment le prix général
de l'Europe régleroit à peu près
le fien : mais quand il arriveroit
qu'il diminuât un peu, le peuple
cependant bien nourri & bien
vêtu, fans rien tirer pour cela de
l'Etranger, feroit heureux, feroit des mariages, multiplieroit;
il pourroit même s'enrichir au
moins de l'argent qui fort maintenant du Royaume, pour ce qui
lui manque de fa confommation.
D'ailleurs le bas prix des denrées
diminuant beaucoup celui de la
main-d'œuvre, donneroit ainfi
infailliblement l'avantage à toutes fes manufactures chez l'E-
tranger.

Les habitans des Provinces de l'intérieur, mettant les deux tiers de leurs terres en herbages, feroient des beſtiaux leur principal commerce ; & en tireroient tout au moins autant de profit qu'ils auroient pû faire des grains, s'ils avoient été à portée d'en avoir le débit ; ils pourroient les mener vendre aux foires diverſes d'un bout du Royaume à l'autre. D'ailleurs les Provinces maritimes exportant leur bled à un prix avantageux, en tireroient de l'intérieur, par le moyen des canaux & des rivieres, qui preſque partout en facilient le tranſport. Les Provinces frontieres en vendroient en Suiſſe, & en quelques cantons peu fertiles d'Allemagne, qui maintenant ſont obligés de les tirer de Hollande, d'Angleterre, & même du Levant par le Rhin & le Rhône.

Mais il est en France de plus réels obstacles à la prospérité de l'agriculture, & je hasarderai d'en observer ici quelques-uns.

Découragement de l'Agriculture en général.

JE n'ajouterai rien à ce que M. de Vauban & d'autres Ecrivains après lui, ont si vivement représenté des inconvéniens & des maux qui résultent journellement de l'imposition arbitraire des tailles & autres charges qui portent sur les Cultivateurs ; des Aydes & des Douanes qui coupent diverses Provinces, & arrêtent le transport des productions de l'une à l'autre ; du prix exhorbitant du sel, cet ingrédient si nécessaire à la santé & à la vigueur des hommes & des bestiaux, ainſi qu'à la préparation des ſemences & des terres. Ces divers obſtacles n'ont ſuremént point échapé au Gouvernement ſage & éclairé, qui, ſans doute, a vivement à cœur de les lever auſſi - tôt que les circonſtances le pourront permettre ; car tant qu'ils ſubſiſteront, l'agriculture ne peut que languir, & il ſent trop le prix de cet *Arbre d'abondance*, pour ne pas s'appliquer à *le cultiver, & en cueillir avec ménagement le fruit.*

On ſçait pareillement quels inconvéniens réſultent pour la culture des terres, du haut intérêt de l'argent, qui du moins, juſqu'ici, n'a guères permis d'en employer à leur amélioration avec quelqu'apparence d'avantage.

Les profits immenſes, & les fortunes rapides que font en France les Financiers, & tous ceux qui traitent avec le Roi, ou reçoivent ſes deniers, dégoûtent de toute autre profeſſion; mais ſur-tout d'acheter ou de faire valoir des terres; & comme ils ſont les plus grands poſſeſſeurs d'argent de tous les Sujets du Roi, ils ont un intérêt commun & immédiat à le faire paroître rare; de ſorte que le taux en augmente au lieu de diminuer, & ainſi chacun ſonge bien plutôt à le faire valoir ſur la place, qu'à le répandre ſur les terres pour les améliorer.

Un autre mal eſt la circulation continuelle de toutes les eſpeces vers la capitale où elles arrivent par tant de canaux des revenus publics & particuliers; d'où elles ne peuvent retourner que lentement, & par filets imperceptibles dans les Provinces, où la rareté de l'argent fait tout languir, cultures & manufactures. Les gens de journées & artifans n'y trouvant plus d'ouvrage, défettent le pays, & vont chercher dans les grandes villes à gagner leur pain ou le mandier dans les rues. La plûpart font ainfi perdus pour la Société qu'ils auroient pû fervir, fi on les eût garantis de la mifere.

Enfin l'agriculture, ce genre de vie fi innocent, & fi eftimable en lui-même, & d'ailleurs fi ntile, ou plutôt fi néceffaire à la profpérité d'un grand Etat, n'ayant encore jamais reçu jufqu'ici aucune marque diftinctive & honorable de la faveur du Prince, n'a pû manquer de tomber dans le mépris chez un Peuple poli, jaloux d'honneurs & de diftinctions, & qui fait tout pour elles.

Tous ces points font frappans, & fi importans pour le Royaume, qu'ils ne peuvent manquer d'être bientôt rectifiés, à la gloire du Miniſtère, qui ſera aſſez heureux pour y réuſſir.

Mais j'en ajouterai ici quelques autres qui peuvent lui avoir échappé, & qui quoique moins importans que les premiers, ne laiſſent pas toutefois de nuire chacun pour leur part aux progrès de l'agriculture; & je ne ſache pas qu'aucun Ecrivain en ait juſqu'ici fait mention.

Inconvénient des fermes rapprochées.

PLUSIEURS fermes ſont raſſemblées en un même village, tandis qu'une partie des terres en ſont à une grande diſtance, comme d'une lieue & plus; ce qui néceſſairement en rend la culture désavantageufe, au point que les Fermiers fe contentent la plûpart du tems de labourer les terres les plus voifines ; le refte qui en eft fouvent la plus grande partie, demeure inculte, & forme en plufieurs Provinces de vaftes plaines rafes, où on ne trouveroit pas un arbre ni un buiffon pour donner aux beftiaux le moindre abri ; coup d'œil véritablement révoltant en un climat tel que celui de la France.

REMEDE.

Il faudroit que toutes les terres appartenant à un gros Village fuffent divifées en fermes féparées, & le Fermier logé au centre de chacune ; qu'enfuite elles fuffent enclofes & divifées par des foffés munis de hayes, & cultivées comme il vient d'être décrit. On verroit alors ces vaftes

terreins qui ne font à préfent
prefque d'aucune valeur aux Fermiers, & encore moins aux Propriétaires, rendre en herbages ou
en grains 40 , 50 & 60 liv. l'arpent ; & ces déferts fi choquants
à la vue, changés bientôt en pay-
fages agréables & abondants.

Inconvénient des baux trop courts.

AUTANT que j'ai pû m'en informer, les baux font prefque par
toute la France limités par la
Loi, ou par la coûtume à neuf
ans, & fouvent à fix, & même à
trois ; celui qui prend une ferme
pour un tems fi court, penfant
bien qu'il n'auroit pas le tems
de recueillir les avantages d'u-
ne amélioration confidérable, ne
s'embarraffe pas d'y en faire aucune ; au contraire il épuife les

terres tant qu'il peut, dans l'espé-
rance d'en trouver bientôt une
meilleure, ou dans la crainte
d'être à l'expiration du bail mis
dehors de la sienne par le Propriétaire ; ainsi il la laisse toujours à son successeur de mal en
pis.

REMEDE.

Si les baux étoient de quinze,
ou même de vingt ans, & que
les Fermiers s'engageassent, au
moyen peut-être de quelque in-
demnité de la part du Propriétaire, à enclore, diviser & mettre les engrais convenables sur la
totalité de leurs fermes dans les
trois ou quatre premieres années
de leur bail ; ils auroient tout le
tems d'en recueillir les avantages ; & s'ils s'engageoient pareillement à semer régulierement
leurs différens enclos alternativement

vement en grains & en herbages,
ainſi qu'actuellement ils ſont preſque par-tout obligés à ne pas
changer la diviſion de leurs ſoles,
il ne dépendroit plus d'eux de fa-
tiguer & épuiſer les terres; l'a-
bondance des récoltes qu'ils feroient ne leur en laiſſeroit pas
même la tentation.

Inconvénient du mélange des terres, & héritages.

LEs terres de quantité de Villages & de Paroiſſes que j'ai eu
occaſion de voir par moi-même,
ſont diſtribuées d'une maniere ſi
déſavantageuſe pour leur culture
qu'on n'auroit pu faire pis ſi on
l'avoit fait exprès. Naturellement
on ſe ſeroit attendu à trouver les
terres de chaque propriétaire raſſemblées en un même lieu; mais

loin de là, si un héritage est de cent arpens, il faut les aller chercher en trente ou quarante places différentes ; quelquefois à une grande distance, où ils sont mêlés avec d'autres par morceaux d'un petit nombre d'arpens : c'est un extrême inconvénient pour tous ; car il faut que réciproquement chacun passe journellement sur les terres de son voisin pour labourer, semer, moissonner les siennes. Les labours se croisent en différens sens, formant de tous côtés des pointes & des haches qui augmentent le travail, & perdent toujours du terrein : quelques morceaux même sont si petits, qu'ils ne valent pas la peine d'y transporter les charues aussi souvent qu'il seroit nécessaire.

Il n'y a donc point de Propriétaire qui ne gagnât beaucoup à changer tous ces morceaux contre d'autres, de maniere que tout fon bien fut raffemblé ; car quand me-me le terrein contre lequel il les échangeroit ne feroit pas fonciérement auffi bon, du moins dans les premiers tems, la liberté que chacun auroit de cultiver, enclo-re & bâtir fur fon terrein à fa fantaifie, le rendroit bientôt d'une toute autre valeûr qu'il n'eft, & qu'il ne peut être, étant morcelé comme ils font la plûpart.

REMEDE.

On fent bien que cette mauvaife diftribution s'eft établie depuis un tems immémorial, felon que différens hafards ont partagé, retranché, augmenté, réuni les divers héritages ; cela eft arrivé par toute l'Europe comme en France ; mais quoiqu'on en ait par-tout fenti l'inconvénient, il n'eft nulle part auffi facile d'y remédier qu'on pourroit l'imaginer : car tandis que l'intérêt de chaque Propriétaire les devroit concilier & porter d'eux-mêmes aux échanges ; tel est d'un autre côté l'attachement naturel des hommes au lot de terre que chacun peut avoir reçu de ses peres, qu'il a toujours été nécessaire d'y faire intervenir l'autorité légiflative.

C'est ce qu'elle a fait avec succès en Angleterre & en Ecosse : on peut s'informer du détail des diverses ordonnances qui y ont été faites pour y parvenir, ainsi que pour partager de vastes communes qui appartenoient à des Villages, & ne leur rendoient pas la dixiéme partie de ce qu'elles ont fait après leur division. Le Gouvernement travaille actuellement à en faire autant en Suéde, & à diviser les pos-

feſſions & fermes trop étendues en
plus petites. Il ſeroit bien à déſirer qu'il rendit en France le même
ſervice à l'agriculture , en facili-
tant l'échange des morceaux de
terre & le partage des communes,
& ce ne ſeroit pas une opération auſſi compliquée qu'on pourroit l'imaginer.

Il ne faudroit peut-être qu'ordonner la ſuſpenſion entiere de
tous droits de ces échanges , tant
envers le Roi qu'envers les Sei-
gneurs durant un certain tems ;
& exhorter tous les habitans de
chaque lieu d'en profiter pour
réunir leurs poſſeſſions , en nom-
mant entr'eux un certain nombre d'arbitres & experts Laboureurs , qui raſſemblaſſent tous les
divers morceaux de chaque propriétaire en un ſeul ou pluſieurs à
ſa portée & convenance , autant
que les circonſtances le pourroient

permettre moyennant quoi il se
feroit tout naturellement & à l'a-
miable une grande partie de ces
échanges.

D'ailleurs aucune amélioration
considérable ne pouvant se faire
sans enclore , & les enclos de
quelque étendue n'étant guères
possibles sans réunir des morceaux
détachés , ou sans échanger ceux
qui peuvent s'y trouver enclavés ;
ce feroit aux gros habitans , qui y
auroient plus d'intérêt , à faire aux
petits tel avantage en quantité ou
qualité de terrein , ou même en
argent qui put les déterminer à
l'échange.

L'avantage qui en résulteroit
pour l'agriculture feroit plus grand
& plus durable que peut-être on
ne l'imagineroit : car tous ces petits morceaux étant une fois raffem-
blés en de grandes piéces de terre
que la plûpart feroient bientôt en-

clore, ne fe diviferoient plus ; on
ne fe fait aucune difficulté de vendre un morceau détaché de fon
heritage, & comme ils font prefque tous compofés en entier de
ces morceaux détachés, d'autres
ne s'en font point de les acheter ;
mais perfonne ne coupera la
moitié de fon champ & encore
moins de fon enclos pour le vendre, & perfonne non plus ne fe
foucieroit de l'acheter ; les heri-
tiers pareillement dans leurs par-
tages fe feroient raifon en argent
ou en rentes plutôt que de couper leurs champs ou enclos par
morceaux, & ainfi fans aucune
contrainte pour l'avenir, l'arrangement ne laifferoit pas d'être
permanent.

Le partage des communes fe
pourroit de même ordonner &
exécuter par des arbitres : il y
en a d'immenfes en diverfes pro-

vinces, & c'eſt un dommage ineſtimable pour l'agriculture & pour le public : en Angleterre & en Ecoſſe, quand la plus conſidérable partie des intéreſſés eſt d'avis du partage de ces communes, ou de l'échange des terres, le reſte eſt obligé d'y ſouſcrire, & on nomme des arbitres à cet effet.

Inconvénient de la négligence des poſſeſſeurs des grandes terres.

IL y a en France beaucoup de terres de grande étendue, dont quelques-unes ſont encore poſſédées par les Princes & la haute nobleſſe, & les autres ſont paſſées en d'autres mains, ou tombées en celles du Clergé : mais quels qu'en ſoient maintenant les poſſeſſeurs, il n'y en a preſque pas un qui ne les laiſſe en un entier abandon. Ils ont des emplois & des charges à remplir à la Cour, à la Ville, dans les Armées, dans l'Eglise, dans les Finances, & aucun n'a le loisir de s'occuper de ses terres ; ils les donnent à un fermier général, ou quelquefois à un Régisseur ou Intendant, qui tous n'ont d'autre objet que d'en percevoir le mieux qu'ils peuvent les revenus pour le moment auquel ils en sont chargés ; les laissant d'ailleurs au même état pour ne pas dire pis qu'elles n'étoient il y a plusieurs siécles ; tandis qu'il n'y en a peut-être point qu'on ne pût doubler ou même tripler en peu d'années.

REMEDE.

Il faudroit que tout possesseur chargeât une personne intelligente en agriculture ou plusieurs,

felon l'étendue de fes poffef-
fions, de méfurer d'abord exactement toute fa terre, & en
dreffer une carte détaillée; enfuite de former un plan raifonné
de fon amélioration dans toutes
fes parties cultivées ou en friche,
eu égard à leur fituation, qualité
& étendue. Alors il pourroit appliquer à fon exécution une portion
de fes revenus, ou emprunter de
l'argent pour cet effet fur la terre
même; confacrant toutefois quelques momens de fon tems à en
voir par lui-même les diverfes
opérations, au moins une fois par
an, pour prévenir la négligence
ou la fraude, & la plûpart s'en
feroient bientôt un amufement.

Quel avantage de faire ainfi
vivre une infinité de pauvres Laboureurs & ouvriers qui font
maintenant dans la mifere! de
peupler, d'enrichir, d'embellir

ſes domaines, & doubler en même tems, ou peut-être tripler ſon
revenu ! d'être ſûr de laiſſer ſes
terres à ſes ſucceſſeurs en un état
ſi différent de celui où on les auroit reçues ! enfin d'en rendre
pour ſoi-même la jouiſſance tout
autrement vive, par le ſpectacle
ſi intéreſſant pour tout Propriétaire de ſon propre ouvrage !

Quant à ceux d'un rang trop
élevé, ou qui rempliſſent des emplois trop importans, pour pouvoir peut-être s'occuper par eux-
mêmes de ces ſoins, que néanmoins les plus grands hommes
ont autrefois crus dignes d'eux,
ils trouveront du moins toujours
parmi ceux qui leur ſont attachés
quelqu'un de confiance en état
de s'en charger.

Je prendrai ſur moi d'ajouter
encore ici qu'abſolument il faudroit que tous les poſſeſſeurs de

terres, pour leur propre intérêt renonçaſſent unanimement à leurs exemptions, afin que le Roi daignât changer la taille perſonnelle, c'eſt-à-dire arbitraire, en une réelle ſur toutes les terres ſans exception, proportionément à leur étendue & leur qualité; de ſorte que chacun pût connoître exactement ce qu'il auroit à payer, par un cadaſtre qui pourroit être rectifié tous les dix, quinze ou vingt ans; ou ſelon tout autre arrangement convenable au bien général. Les revenus publics en ſeroient augmentés; les laboureurs & les peuples de la campagne entierement ſoulagés; & il n'y a aucun poſſeſſeur qui ne fût bientôt amplement dédommagé de la perte de ſes exemptions, par la proſpérité de ſes Fermiers, l'excellente culture de ſes terres, l'augmentation & le payement facile & affuré de fes revenus : tous avantages qui s'enfuivroient néceffairement de ce changement.

Inconvénient des préjugés & de l'obſtination de la plûpart des cultivateurs.

ON fçait affez combien les coutumes & les préjugés divers dont le peuple de tous les pays eſt imbu, font difficiles à détruire. Quand il arrive aux pêcheurs de la côte de Flandre de trouver des macquereaux dans les filets qu'ils ont jettés pour le harrang, ils fe gardent de profiter de ce hafard, & les rejettent bien vite dans la mer, par la raifon que leurs peres ne les ont jamais pris qu'à la ligne. Tels font dans tous les pays les préjugés des Laboureurs contre toute nouvelle cul-

ture : quelque évidens, quelque
démontrés que puiſſent leur être
ſes avantages ſur l'ancienne, jamais ils ne ſe réſoudront d'eux-
mêmes à en changer, par la raiſon que leurs peres ne faiſoient
pas autrement qu'eux.

Il y a près de deux cens ans
que parurent en Angleterre les
premiers Livres que depuis les
Romains on ait écrit en Europe
ſur l'œconomie rurale (a) ; &
quoiqu'alors, & long-tems encore depuis, la culture y fût ſi
chétive qu'elle étoit obligée de
tirer une grande partie de ſa ſubſiſtance du continent, ni ces inſ-
tructions, ni la diſette à laquelle
elle étoit journellement expoſée

____

(a) Les écrits qui y ont parû, depuis ce
tems-là, juſqu'à nos jours, ſont preſque ſans
nombre ; & pluſieurs ſont d'auteurs diſtin-
gués, tels que le Chancelier Bacon, le Chevalier Weſton, le Chevalier Platt, le Chevalier Moor, &c.

ne purent réfoudre perfonne à
faire mieux.

Enfin le Gouvernement y donna une férieufe attention ; il en
encouragea & protégea toutes les
branches ; il accorda une prime
confidérable à l'exportation des
grains. Ces fages mefures ouvrirent à la longue & par dégrés
tous les yeux, vainquirent les préjugés, & engagerent à tenter les
moyens divers d'améliorer. Néanmoins on voit encore en quelques cantons de ces Royaumes
le peuple obftiné à fon ancienne
pratique, refter dans la mifere,
plutot que de fuivre l'exemple
de fes voifins qui s'enrichiffent
journellement à fa vue.

L'Efpagne ayant trouvé une
fource inépuifable de tréfors
qu'elle a compté devoir fuffire à
tout acheter des autres Nations,
a penfé qu'elle pouvoit les faire

travailler pour elle ; & depuis
long-tems a négligé son agriculture.

Elle s'est apperçue trop tard de
son erreur, lorsqu'elle s'est vue
dépendre de l'Etranger pour la
plus grande partie de sa subsistance; & les cruels dangers de la
disette ont engagé ses Ministres à
divers efforts pour faire renaître
l'agriculture : mais le mal paroît
trop enraciné dans les peuples,
pour que probablement on réussis-
se à le guérir.

Le Portugal commençoit à
prendre des mesures pour favori-
ser son agriculture ; mais elles ont
été déconcertées par les malheurs
recens auxquels toute l'Europe a
pris part. Aussi-tôt que ses affaires seront rétablies, il est à présu-
mer qu'on donnera les mêmes at-
tentions à cette importante partie
du gouvernement : cependant la

terroir du Portugal eſt preſque par-tout ſi aride , & le climat ſi chaud , que ſes recoltes en grain ou en herbage ne pourront jamais être que fort incertaines ; outre que le peuple habitué depuis long-tems à d'autres occupations & à ſe nourrir de grains étrangers , s'appliquera peut-être difficilement à un pareil travail.

La Suéde contient aſſez de terres labourables pour nourrir , ſi elles étoient cultivées , dix fois plus d'habitans qu'elle n'en a ; néanmoins juſqu'à nos jours elle n'a guères nourri que la dixiéme partie des ſiens ; & ſur-tout depuis la perte de la Livonie , elle dépendoit preſqu'abſolument de la Pologne pour ſa ſubſiſtance. Depuis quelques années le Gouvernement s'y prend de toutes les manieres pour relever l'agriculture ; il a formé une Académie uni-

quement deftinée à fon avance-
ment ; il a créé des commiffaires
exprès pour fon infpection ; il a
fait publier diverfes inftructions ;
il a employé les promeffes, les ré-
compenfes , les menaces mêmes.
Ces judicieux arrangemens commencent à faire leur effet, & met-
tront du moins la génération pro-
chaine en état de fe paffer peut-
être entierement de fes voifins ;
mais à raifon du climat de la Suéde , la qualité de fes grains ne fera jamais telle qu'elle puiffe trouver le débit du furplus , fi elle
parvient à s'en procurer.

De pareilles confidérations ont
fait établir un college d'agriculture dans les Etats du Roi de
Sardaigne , & le Roi de Danne-
marck travaille actuellement à en
établir un en Norwege.

Envain depuis tant de fiécles
la France a fur toute l'Europe les

avantages du climat & du fol pour la production des meilleurs grains, ainſi que la poſition entre trois mers pour leur débit ; envain elle a depuis cent cinquante ans de bons livres d'agriculture qui l'en ont avertie : ce ſera pareille-ment toujours en vain, ſi le gou-vernement ne s'en mêle ſérieuſe-ment, que M. Duhamel & autres citoyens bien intentionnés y join-dront leurs découvertes, les éta-bliront ſur les expériences les plus répetées, & travailleront ainſi toute leur vie ; ils ne feront pas la moindre impreſſion ſur le peuple, dont ils ſeront ignorés ou dédai-gnés.

Les écrits ſeuls tels qu'ils ſoient, ne peuvent jamais avoir un grand effet, & on peut ob-ſerver que tous ceux qui ont paru juſqu'ici en agriculture, ſont reſ-tés par tout pays entre les mains

des amateurs , fans jamais paffer
en celles du commun des cultivateurs,auxquels ils étoient deftinés.

Des particuliers qui s'amufent
à faire valoir quelques parties de
leur bien, peuvent tomber fur ces
méthodes , & augmenter petit à
petit le nombre des Obfervateurs.
Mais quand il s'étendroit à quelques centaines , que feroit ce petit nombre fur toute la France , où
de fi grandes étendues de terres
font fi mal cultivées ; où de plus
grandes encore font en friches ,
communes , landes & bruyeres ,
qui n'attendent que la main de
l'induftrie pour être changées en
riantes moiffons ?

Chaque province a fa culture
particuliere , bonne ou mauvaife ,
mais impoffible à redreffer ; & fi on
propofe à ceux de l'une d'adopter
quelque pratique plus avantageufe ou même plus facile , qu'on les

affure avoir vû réuffir dans une autre de fol & de climat tout pareils, ils ne vous écoutent pas ; ou
vous répondent froidemènt, *Que
cela peut bien avoir réuffi dans ce
pays-là ; mais qu'il n'en feroit pas
de même dans le leur.*

Ainfi qu'on leur abandonne les
améliorations ou qu'on les con-
fulte même fur ce fujet, on les y
trouvera infailliblement oppofés ;
& il faut toujours fe fouvenir vis-
à-vis d'eux de la maxime de Ca-
ton : *Malè agitur cum Domino,
quem villicus docet.*

Il faudroit donc tâcher de rom-
pre toutes les chaînes particulieres de préjugés, qui fe perpétuent
en chaque Province de généra-
tion en génération ; & former
par dégrés une race nouvelle de
Cultivateurs, dociles à recevoir
fur toutes les branches de leur
art des inftructions fondées fur

une saine théorie , & confirmées
par une pratique averée.

REMEDE.

La protection & la faveur du
Prince , les sages mesures de ses
Ministres pourront seules y contribuer efficacement. Par elles ,
les paresseux seront excités ; les
courages abbattus par la misere seront relevés ; les industrieux même rédoubleront d'activité:les recherches enfin & les observations
naîtront de tous côtés pour les
guider.

Car aucun peuple du monde
entier ne se porteroit plus volontiers que les François à ce qu'ils
sçauroient pouvoir plaire à leur
Maître , sur-tout s'il daignoit accorder quelques marques de sa
satisfaction à ceux qui se distin-
gueroient par leur empressement

à entrer dans fes vûes. Il en réful-
teroit une louable émulation, qui
les mettroit bientôt fur la véritable voie de l'abondance & du
bonheur.

Les moyens d'amélioration font
comme on a vû fimples, faciles,
& à la portée de quiconque en
voudra faire ufage. Les frais n'en
font pas exhorbitans : mais quand
ils feroient plus confidérables
qu'ils ne m'ont paru, ce ne feroit
jamais que femer des milliers
pour recueillir des millions ; &
fans doute aucune dépenfe ne devroit être faite avec plus de joie
par les citoyens de tout rang,
que celle qui conduit à de tels
avantages.

Chaque propriétaire devroit en
donner l'exemple à fes fermiers, la
plûpart trop peu inftruits & trop
prévenus pour vouloir rifquer
leurs fonds à ce qu'ils appellent

avec une forte de dérifion des expériences & des projets; & qui d'ailleurs font trop à l'étroit, & manqueroient des fonds néceffaires. Chacun de ceux qui en font à portée devroit faire valoir du moins une de fes fermes, y mettant tout le foin & la dépenfe néceffaire, y pratiquant toutes les efpeces d'améliorations dont elle pourroit être fufceptible, felon fes connoiffances ou celles des plus entendus de fes voifins ; on rendroit ainfi les avantages de l'induftrie fenfibles & palpables à tous fes fermiers.

Débit des grains.

Tout ce qu'on peut propofer pour le rétabliffement de l'agriculture, ne peut être que défavantageux fans le débit des grains;

grains; car fans le débit l'abondance fait tomber les productions en
non valeur, la non valeur fait dépérir l'agriculture, & l'abandon de
l'agriculture caufe les difettes ;
ainfi l'abondance même fans le
débit ne peut être qu'une fource
de malheurs. Cette vérité obfcur-
cie par les préjugés pourroit être
regardée comme un paradoxe ;
mais le détail dans lequel nous allons entrer la fera paroître dans
tout fon jour.

Tout Royaume qui n'a pas avec
les autres nations un commerce
facile & libre d'exportation &
d'importation, & où l'agriculture
eft bornée à la fubfiftance de fes
habitans, ne peut profpérer; parce que les guerres qu'il a à foutenir, & les variations des recoltes, dans les bonnes & dans les
mauvaifes années, caufent dans
la population & dans l'agriculture

Partie II.　　　　　　　K

des dérangemens qui ne peuvent
pas même fe réparer.

Le véritable objet de la liberté
de l'exportation des grains , ne
doit être que d'en éviter les non-
valeurs & les chertés, de les maintenir à un prix à peu près égal
& fuffifant pour foutenir les revenus des biens de la nation , de dédommager le Laboureur de fes dépenfes , & lui procurer un profit
proportionné à fes avances , &
aux rifques aufquels il eft ex-
pofé.

Il n'eft point à craindre que
cette liberté puiffe (*a*) jamais in-
téreffer la fubfiftance de la nation.

______

(*a*) On peut voir tout ce qui fe peut dire
de mieux fur ce fujet dans l'*Effai fur la police
des grains* ; dans la préface de la *Confervation des grains* de M. Duhamel ; enfin au quatriéme chapitre des *Elémens du commerce*,
où la néceffité d'entretenir la concurrence
des acheteurs eft pleinement démontrée ; M.
Hume, Auteur Ecoffois, dont les *Difcours
politiques* font fort connus en France , cite

Car il paroît très-simple, que plus
le commerce & l'exportation libre
des grains feroient affurés par un
réglement fixe & ftable, plus les
fermiers feroient excités par leur
propre intérêt à en cultiver pour
le débiter ; & plus on en cultive-
roit pour le débiter à l'étranger,
plus le Royaume feroit à portée
d'en être toujours fourni au préalable pour fa propre confommation.

Ce qui fait le fonds du commerce en bled entre les différentes nations, ne va guères qu'à dix
millions de feptiers de bled. La
Hollande en tire des pays du Nord
environ 6 à 7 millions de feptiers.
L'Angleterre, les Colonies Angloifes, le Levant, la Sicile, &c.
en vendent 3 ou 4 millions de
feptiers. Les pays qui en achet-

____

ce Royaume pour exemple d'une police très-
défectueufe fur ce point.

tent font, le Portugal, l'Efpagne, la Suiffe, Gênes, la Tofcane. La population de tous ces pays eft d'environ 12 millions d'hommes ; & les recoltes de ces mêmes pays fuffifent au moins pour les deux tiers de leur fubfiftance : ainfi la France qui auroit intérêt de ne pas étendre le Commerce extérieur de fes bleds au préjudice du prix, ne pourroit guères entrer dans ce commerce de concurrence, que pour trois ou quatre millions de feptiers, ce qui feroit un très-petit objet, fur les recoltes de toutes les provinces du Royaume : auffi ne feroit - ce pas, comme on va le prouver, de la quantité des bleds que l'on vendroit à l'étranger, que réfulteroient les grands avantages de la liberté de ce commerce (a).

____

(a) Tout ceci a été écrit d'après les calculs de M. Quefnay le fils, qu'on peut

Les revenus d'un Royaume sont réglés par le prix des denrées qu'il produit, & le prix des denrées est soutenu & reglé par le commerce avec l'Etranger. Car

---

voir dans l'Encyclopédie article *Grains*, œconom. polit. Cet article m'a paru rempli de faits intéreſſans & curieux, de détails & de calculs très-bien combinés, d'idées très-judicieuſes ſur la repartition des Tailles, enfin de maximes de gouvernement œconomique, fondées en raiſon & obſervations. Il mérite la plus grande attention par les vérités neuves & importantes que l'Auteur y développe, avec autant d'élégance que de diſcernement & de ſagacité; & je ne crois pas en dire aſſez en lui donnant ces juſtes louanges. C'eſt grand dommage que cet article & pluſieurs autres, concernant l'agriculture, ſe trouvent diſperſés & comme noyés dans l'immenſité de l'Encyclopédie, ouvrage très-utile, mais qui n'étant deſtiné que pour les Bibliothéques, ne peut être dans les mains de tout le monde, ni même ſe répandre beaucoup. Il ſeroit donc fort à ſouhaiter que l'article *Grain*, l'article *Fermiers* & les autres ſur les mêmes matieres, fuſſent extraits de l'Encyclopédie, & publiés enſemble dans un moindre volume; car il eſt très-important & très-preſſant d'éclairer pleinement le Public, ſur des objets auſſi utiles.

K iij

dans un Etat qui n'a point de commerce extérieur d'exportation & d'importation , le prix des denrées ne peut être aſſujetti à aucune regle , ni aucun ordre ; il ſuit neceſſairement les variations de diſette & d'abondance dans le pays ; & par ces variations l'Etat ſouffre des nonvaleurs & des chertés également ruineuſes & inévitables.

Le prix fondamental des marchandiſes eſt établi par les dépenſes ou frais qu'il faut avancer pour leurs productions , & pour leurs préparations. Si elles ſe vendent moins qu'elles n'ont couté , leur prix dégenere en perte : ſi elles ſe vendent aſſez cher pour procurer un gain ſuffiſant pour exciter à en entretenir ou à en augmenter la production , elles ſont à un bon prix : ſi par diſette , elles parviennent à un prix onéreux au peuple, ce prix eſt cherté.

Tel prix qui excederoit de beaucoup le prix fondamental, s'il n'alloit pas juſqu'à être onéreux au peuple pourroit être fort avantageux ; comme feroit par exemple, un haut prix continuel du bled dans un Etat où cette denrée feroit toujours abondante, & où ce haut prix du bled formeroit de grands revenus au Roi, ainſi qu'aux Propriétaires des terres,& aux Habitans du pays un ſalaire ou des gains qui leur feroient plus avantageux que leur dépenſe en bled ne leur feroit à charge ; ainſi il peut y avoir dans un Royaume qui a la facilité du commerce, un haut prix du bled & de toute autre denrée qui ne ſoit pas une cherté onéreuſe aux Habitans, & qui ſoit fort avantageux à l'Etat.

Il n'en eſt pas de même du bas

prix qui conſtamment ne ſurpaſſe-
roit pas le prix fondamental. Car
il n'y a aucun cas où ce prix ne
fut ruineux, & n'obligeât à abandonner la production d'une denrée qui ſeroit conſtamment bornée à un tel prix.

Ainſi dans un Etat, le gouvernement doit ſe défier des avantages que le préjugé attribue au prix
qu'on appelle vulgairement bon
marché ; ce prix peut être également préjudiciable aux revenus
du Roi & des Propriétaires des
biens-fonds, aux gains des autres
habitans, aux progrès de la population & à la multiplication des
productions du pays.

On reconnoît la réalité de ces
effets deſtructifs dans les provinces de France, où les denrées
ſont en non-valeur ; les hommes
y vivent à bon marché, mais leur
ſalaire eſt ſi bas, ils gagnent ſi peu,

qu'ils ne peuvent se procurer aucune aisance par leur travail ; &
trop peu excités par l'appas du
gain, ils s'abandonnent à la pa-
resse & à la misere. Les Propriétaires des terres ont si peu de revenu, qu'ils ne peuvent faire les
dépenses nécessaires pour améliorer leurs biens , pour procurer du
travail & des gains suffisans aux
ouvriers & aux artisans. Ceux-
ci désertent ces Provinces pour
habiter dans les Villes où les vivres sont plus chers , & les gains
plus considérables ; c'est pourquoi les pays où les denrées sont
cheres sont plus peuplés , & les
hommes y sont plus laborieux &
plus à l'aise , que dans les pays
où les vivres sont à trop bas prix.
Les hommes ne se bornent pas
simplement à la nourriture, il leur
faut des vêtemens, des ustencilles
& d'autres commodités pour vivre
K v

avec quelqu'aifance ; les François
ne paffent pas les mers , & ne
vont pas aux Ifles de Saint-Do-
mingue , de la Martinique , &c.
pour y chercher du pain , ils y
font attirés par des gains qui peuvent leur procurer de l'aifance.

Les prix , comme nous l'avons
dit , ne font point fujets à de grandes variations dans un Royaume
qui a un commerce réciproque ,
facile & parfaitement libre d'exportation & d'importation avec les
autres nations , parce que les prix
dans ce Royaume font égaux aux
prix communs qui ont cours dans
les autres pays: alors les mauvaifes
recoltes & les recoltes abondantes dans ce même Royaume, n'ap-
portent ordinairement prefque
point de changement dans les
prix , parce que la même année ,
il y a des recoltes abondantes dans
des pays & des mauvaifes recol-

tes dans d'autres ; & par un commerce libre & facile entre ces différens pays, ceux qui dans une année font en difette, font fournis par ceux qui font dans l'abondance, & ceux-là dans une autre année fourniffent ceux-ci, qui à leur tour font dans la difette ; ainfi par cette communication générale & par ces alternatives fucceffives & réciproques d'abondance & de difette, les prix reftent toujours dans un état mitoyen, établi fur le prix commun fondamental dans ces pays réunis par le commerce.

Les Hollandois & les Anglois qui ont la liberté du commerce des grains, n'éprouvent pas chez eux ces variations énormes dans les prix des grains ; (*a*) & on n'y

____

(*a*) La cherté récente en Angleterre ne paroît pas devoir être imputée à l'exportation,

eſt expoſé en France, que parce
que le commerce d'exportation &
d'importation des grains avec l'é-
tranger y eſt prohibé ; les recoltes
bornées à la ſubſiſtance de la Nation y ſont tantôt ſurabondantes,
tantôt fort-au-deſſous du néceſſaire, & toujours ſujettes à des
prix déreglés de cherté & de non-
valeur.

Ainſi le prix des denrées ne
peut être aſſujetti à aucun ordre,
à aucun état fixe dans un Royaume privé de la liberté ou de la
facilité du commerce extérieur
d'exportation & d'importation :
le Cultivateur perd trop dans les
années abondantes, & le bas peuple périt par la faim dans les di-
ſettes, & par les maladies épidé-
miques qui ſuivent les famines :

---

puiſqu'elle n'a guères jamais été qu'à un million de ſeptiers de blé, objet imperceptible
ſur la totalité de ſa récolte.

les grandes & fréquentes variations des prix font donc des cau-
fes funeftes d'indigence & de dé-
population.

Elles ne font pas moins préju-
diciables aux revenus de l'Etat :
car quoiqu'il paroiffe que les chertés compenfent les non valeurs,
& qu'il en réfulte un prix commun, fur lequel ces revenus
font établis ; ce prix commun lui-
même tourne toujours au défavan-
tage du revenu des bien -fonds ;
les variations des prix & des
recoltes combinées & compen-
fées formant pour le vendeur un
prix commun beaucoup plus bas
que le prix commun de l'acheteur.

Le prix commun pour celui qui
n'achete toujours chaque année
que la même quantité de bled
pour fa confommation, ne fe forme que du réfultat de la variété

des prix de plusieurs années ;
Mais le prix commun du vendeur
qui ne recueille & ne vend pas
chaque année la même quantité
de bled se formant du résultat des
quantités inégales de bled vendu
à différens prix dans une suite d'années, différe de celui de l'acheteur qui résulte de quantités égales de bled acheté dans la même
suite d'années. Le commerce
d'exportation & d'importation ex-
clut les grandes variations des
prix, & le prix du vendeur appro-
che alors beaucoup plus de celui
de l'acheteur, comme on va le
voir.

Etat des prix du Bled en France, l'exportation des Grains étant défendue.

Années.	septiers par arpent.	prix du septier.	Total par arpent.	frais, tailles & fermages par arp. chaque année.
abondantes.	7 septiers	10^{liv}	70^{liv}	74^{liv}.
bonnes.	6	12	72	74
médiocres.	5	15	75	74
foibles.	4	20	80	74
mauvaises.	3	30	90	74
	25.	87.	387.	370

Prix commun fondamental.

370 livres de dépenfes divifées à 25 feptiers , donnent 14 livres 16 fols , qui eft le prix commun que chaque feptier coute au Laboureur. (*a*)

Prix commun de l'acheteur.

Un homme confomme trois feptiers de bled par an ; c'eft 15 feptiers en cinq ans, qui lui coutent 261 livres , ou 3 fois 87 liv. comme ci-deffus , total de cinq feptiers.

261 liv. divifées à 15 feptiers donnent 17 liv. 8 fols , pour le prix de chaque feptier, c'eft à peu près le prix commun ordinaire en France depuis long-tems.

(*a*) Voyez ces Calculs dans l'Encyclopédie , article *Grains* ; & ceux des frais , article *Fermiers*. Œconom. polit.

Prix commun du vendeur.

387 liv. produit total de cinq années divisées par 25 septiers, donnent 15 liv. 9 sols pour le prix du septier; ainsi le prix commun du vendeur ne passe le prix fondamental que de 13 sols, c'est par arpent 3 liv. 5 sols; & il est de 1 liv. 19 sols plus bas que celui de l'acheteur.

Si on taxoit plus bas le prix du bled dans les cheres années, le Laboureur perdroit en tout tems & la culture du bled cesseroit: elle ne pourroit pas subsister non plus sans exportation, si elle étoit plus étendue; car si on recueilloit une plus grande quantité de bled, le prix commun du vendeur tomberoit au-dessous du prix fondamental, il dégénéreroit en perte, & les revenus du Roi & de la Nation seroient anéantis.

Etat du prix qu'auroit le Bled en France, conformément aux effets que produit l'exportation en Angleterre.

Années.	septiers par arpent.	prix du septier.	Total par arpent.	frais, tailles & fermages par arp. chaque année.
abondantes.	7 septiers	16^{liv}	112^{liv}	74^{liv}.
bonnes.	6.	17.	102.	74
médiocres.	5.	18.	90.	74
foibles.	4.	19.	76.	74
mauvaises.	3.	20.	60.	74
5 années	25.	90.	440.	370

Prix commun fondamental.

370 liv. de dépenfe divifées par 25 feptiers, donnent 14 liv. 16 fols, ce qui eft le prix que chaque feptier coute au Laboureur.

Prix commun de l'acheteur.

3 feptiers de bled font en 5 ans 15 feptiers qui coutent 3 fois 90 liv. ou 270 liv. lefquelles divifées par 15, donnent 18 liv. par feptier.

Prix commun du vendeur.

440 liv. produit total de cinq années divifées par 25 feptiers, donnent 17 liv. 12 fols par feptier; ainfi le prix commun du vendeur paffe de 2 liv. 16 fols le prix commun fondamental, & n'eft que de 8 fols moins que le prix commun de l'acheteur; donc, faute d'exportation comme dans le cas précédent, le vendeur ne tire que

15 liv. 9 f. & ne gagne que 13 f.
par feptier ou 3 liv. 5 f. par arpent, au lieu que dans le cas d'exportation le gain feroit de 14 liv.
par arpent fans que l'acheteur
payât le bled plus cher. Les 40
fols qu'il y a ici d'augmentation
de gain par feptier, en faveur des
biens-fonds, fe partageroient à
peu près ainfi; au Propriétaire 20 f.
à la taille 10 fols, & au Fermier
10 fols, fuivant la fupputation
établie à l'article *grain* déjà cité.

Nous recueillons chaque année
environ 45 millions de feptiers,
& notre culture en bled pourroit
augmenter de plus de vingt à trente millions de feptiers, & celle des
menus grains en proportion; ainfi
le feul effet de l'exportation fur
l'état des prix du bled accroîtroit
en cette partie, & en celles des
menus grains qui fuivroient la même regle, de plus de 100 millions

les revenus des biens-fonds.

Il est donc prouvé que si nous participions par la liberté du commerce extérieur des grains au prix commun entre les Nations commerçantes, ce prix commun des bleds & des autres grains procureroit par lui-même, indépendamment du produit que nous pourrions retirer du débit des grains que nous pourrions vendre à l'étranger, environ 100 millions de plus à l'agriculture du Royaume.

Ces 100 millions qu'on auroit d'abord de bénéfice par l'exportation, étant employés à la culture produiroient annuellement 100 autres millions; ainsi l'accroissement des richesses seroit deflors de 200 millions, qui se renouvelleroient tous les ans.

Une augmentation de 200 millions de richesses dans un Etat, peut procurer un accroissement

de population d'un million d'hommes de la claffe des payfans, ma-
nouvriers & artifans, tant hommes
que femmes & enfans à raifon de
800 liv. par famille compofée de
quatre perfonnes. La population dans l'état d'aifance, eft à
l'égard de la claffe d'hommes
dont il s'agit à peu-près dans cette
proportion avec les richeffes d'une
Nation.

La confommation que feroit
un million d'hommes, feroit annuellement de 200 millions; ce
qui procureroit pour fatisfaire annuellement à cette confommation
une réproduction de 200 millions, qui fe renouvelleroient tous
les ans par le travail de ce furcroit
d'hommes.

L'exportation d'une petite portion de nos grains, pourroit produire année commune 100 millions que nous tirerions de l'étran-

ger , par l'augmentation annuelle & progreſſive de notre culture d'environ trois à quatre millions de ſeptiers de bled , & autant de ſeptiers des autres grains. Ces 100 millions que nous tirerions de l'étranger , employés à l'agriculture produiroient 100 autres millions; ce qui formeroit un ſurcroit de richeſſes de 200 millions, qui joints aux 200 millions ci-deſſus , feroient 400 millions : cette premiere augmentation de culture ne feroit pas un dixiéme du progrès qu'elle peut faire , relativement à la quantité de nos terres qui ſont en non-valeur , & de celles qui ſont mal cultivées.

Ces 400 millions procureroient deux millions d'hommes , qui par leur conſommation & par leur travail perpétueroient ces 400 millions; ainſi voilà dès lors dans le Royaume un ſurcroit de population de 2 millions d'hommes, & un surcroit de richesses de 400 millions.

Mais tous les ans une pareille exportation de grains procureroit un nouveau surcroit de richesses, de 100 millions payés par l'étranger, & de 100 millions sur l'avantage du prix, sans que le grain coutât plus cher à l'acheteur. Ces deux parties formeroient annuellement un surcroit de richesses de 200 millions, qui employés à la culture produiroient par surcroit tous les ans 200 autres millions; ce qui formeroit de nouveau un accroissement annuel de richesses de 400 millions.

Ce surcroit annuel de 400 millions procureroit encore un surcroit annuel de 2 millions d'hommes, qui seroient attirés par les gains que procureroit la dépense de ce surcroit annuel de 400 millions,

lions, & ces hommes perpétueroient par leur travail & par leur
confommation ces accroiffemens
fucceffifs de richeffes.

La progreffion de ces accroiffemens de revenus & de population, peut s'étendre autant que
notre territoire & le rétabliffement de la bonne culture peuvent
fubvenir à l'accroiffement des productions : car une nation ne peut
devenir plus riche qu'une autre
qui a les mêmes facilités pour le
commerce, qu'autant qu'elle la
furpaffe en biens-fonds.

Ces augmentations de richeffes & de population confiderées
dans le principe font établies fur
une poffibilité démontrée ; mais
fi elles paroiffent douteufes dans
le fait, qu'on en diminue fi on
veut les trois quarts, on trouvera encore par ces progrès, fi d'ailleurs on leve les obftacles qui peu-

vent s'y oppofer, un accroiffement au bout de vingt années de
deux milliards (*a*) fur la fomme
des revenus annuels du royaume,
& de huit à dix millions d'hommes fur fa population actuelle.

D'après cette progreffion, on
ne doit point être furpris des fuccès rapides du Gouvernement
œconomique de M. de Sully. En
treize ans ce Miniftre paya les
dettes du Royaume, diminua les
impôts & forma un tréfor public.
Le moyen fimple de la liberté
d'exportation fut le principal ref-
fort qu'il employa. Il difoit que
fans elle, les fujets n'auroient
point d'argent, & le Roi point
de revenus ; il ne craignoit pas
que la liberté du commerce des

____

(*a*) Voyez ci-après la comparaifon des
revenus actuels du Royaume, à ce qu'ils
pourroient être.

grains caufât des famines; en effet depuis ce fage arrangement ,
la France fût plus de foixante années fans éprouver aucune difette (*a*).

S'il étoit néceffaire de prouver
par des exemples la poffibilité &
la réalité de ces progrès rapides
de richeffes & de population,
procurés par les reffources de l'a-
griculture & la facilité du commerce de fes productions; il fuffiroit de faire obferver l'établiffement des Colonies Angloifes
de l'Amérique Septentrionale ,
qui avec des commencemens fi
foibles & dans des pays fi éloi-
gnés , font parvenues en fi peu
de tems à défricher & à peupler des déferts immenfes, à bâ-

____

(*a*) Voyez les prix du bled depuis l'année 1202, dans l'*Effai fur les Monnoyes*, par
M. Dupré de S. Maur.

tir de grandes Villes, à former
des Ports, à établir une navigation
& un commerce fort conſidéra-
bles; & il eſt important de remarquer que toutes les tentatives faites en divers tems pour ces éta-
bliſſemens ont manqué tant qu'ils
n'ont eu pour objet que le commerce & la recherche des mines; mais que dès l'inſtant où
les nouveaux colons ſe ſont donnés à l'agriculture, l'abondance,
les richeſſes, l'extrême population l'ont bien-tôt ſuivie, & ſe
ſont mutuellement ſoutenues.

Pour accelerer la population
dans un pays il faut y faciliter
l'accroiſſement des richeſſes, parce que les hommes ſont attirés
par elles, & par la facilité de les
acquérir; la population s'accroît
par l'augmentation des richeſſes,
& l'accroiſſement des richeſſes
ſe perpétue par l'augmentation

de la population. Mais le progrès
des richeſſes s'arrête dans un
grand Etat, lorſque l'agriculture
ceſſe d'être ſoutenue par le débit de ſes productions leur unique ſource aſſurée ; & ſi ce débit
eſt borné à la ſubſiſtance de la nation, l'agriculture ſera bornée à
l'état de la population, & la population ſera bornée à l'état de
l'agriculture ; car la population
ne peut s'accroître que par le
progrès des richeſſes de l'agriculture, & l'agriculture ne peut faire
de progrès que par un accroiſſement de commerce qui aſſure le
débit de ſon ſuperflu ; ſans cette
facilité les productions devien-
nent à vil prix, on ne peut ſoutenir les frais de la culture, les
terres elles-mêmes tombent en
non-valeur, la maſſe des revenus diminue & la population avec
eux.

L iij

Le bon prix des denrées, je dis plus, la cherté même, entretenue conſtamment par un commerce facile, loin de produire jamais ces effets deſtructifs, provoqueroit plutôt l'abondance ; car le ſalaire & les gains ſe proportionnent dans toutes les profeſſions aux prix des denrées, les denrées multiplient à meſure qu'on eſt excité par leur prix à les cultiver, & leur abondance augmente de plus en plus les richeſſes & la population.

Il a été ſupputé que dans des pays dont les habitans vivroient dans l'abondance, & auroient la facilité de ſe marier & s'établir de bonne heure, la population pourroit doubler tous les 20 ou au plus 25 ans ; & quelques Ecrivains Anglois prétendent que dans leurs Colonies d'Amérique, la multiplication ſuivra cette pro-

greſſion tant que les terres y pourront fournir. Il eſt vrai que deux
auteurs (*a*) de cette nation qui
ont fait beaucoup de recherches
ſur la multiplication des hommes, penſent qu'il faudroit beaucoup plus de tems que cela pour
doubler leur nombre ſur la terre,
ou même en un pays particulier,
eu égard aux peſtes, aux famines, aux guerres & autres accidens preſque par-tout inévitables; ils conviennent néanmoins
qu'on a vû des familles doubler
régulierement en un certain nombre d'années même plus court,
comme de dix ans; d'où il ſem-
ble qu'on pourroit conclure que
ſous un climat très-peu ſujet aux
maladies contagieuſes, & avec

______

(*a*) Le Chevalier Petty, *Eſſai ſur la mul-*
tiplication des hommes; & M. Whiſton,
Théorie de la terre.

L iv

une étendue de fol fuffifante, s'il étoit bien cultivé, non-feulement à ne pas craindre les famines mais à nourrir le triple de fes habitans actuels, la propagation feroit très-rapide pour peu qu'elle fut fecondée (*a*).

D'ailleurs l'accroiſſement de la population dans un pays n'eſt pas affujetti à l'ordre de la généra-tion; fi les revenus & les dépen-fes des propriétaires qui réfident dans les villes augmentoient d'un quart ou du double, les hommes de toutes les profeſſions y arri-veroient de toute part pour par-ticiper aux gains que procure-

______

(*a*) Le petit nombre de riches bienfaiſans qui dotent des filles, rempliroient plus fûrement leur objet s'ils employoient leur liberalités à peupler des terres incultes, plutôt qu'à augmenter les mariages dans les villes, où les vices & accidens de toute ef-péce nuifent à la propagation ; & les mêmes fommes feroient dix mariages dans les cam-pagnes pour un dans les villes.

roient ces dépenſes (a). Les campagnes qui produiroient cette augmentation de revenus , par l'augmentation des travaux de culture que le libre débit des productions encourageroit , attireroient pareillement des ouvriers de tous les pays , ſur-tout s'ils y trouvoient la jouiſſance aſſurée & tranquille à tous égards du fruit de leurs travaux.

La proſpérité de tous les arts , des manufactures , du commerce, & de la navigation , en ſeroient bien-tôt la ſuite naturelle ; quand le pied de l'arbre eſt bien cultivé, les branches ne peuvent manquer de s'étendre ; mais la main du

____

(a.) Suratte vers le milieu du dernier ſiécle étoit l'habitation d'un petit nombre de marchands qui s'y étoient réfugiés à l'abri d'un vieux château, elle eſt actuellement auſſi conſidérable & auſſi peuplée que Londres. *Voyage aux Indes Orientales* en 1750 par Jean-Henri Groſe.

L v

plus habile jardinier les dirigeroit
envain, si quelques vices rongent leurs racines.

Avantages publics & particuliers de notre objet, encore plus démontrés.

M. Quesnay le fils dans l'article *grain* fait un calcul des produits d'une bonne culture en France, soutenue par le commerce extérieur des grains ; mais l'estimation de ces produits nous paroît
trop foible, ou du moins fort-au-
dessous de ce que rapporteroient
60 millions d'arpens de terres cul-
tivables dans ce Royaume, si ces
terres étoient traitées suivant le
plan de culture que nous avons
proposé. Nous croyons qu'il est à
propos de rapprocher ici ces deux
comparaisons, pour faire connoî-

tre du moins l'énorme dégradation de l'agriculture en France ; ayant observé ailleurs combien elle y étoit en vigueur au commencement du siécle précédent.

Comparaison de la Culture actuelle en France, avec une bonne Culture, suivant l'estimation de M. Quesnay, article Grain.

	Culture actuelle.	bonne Culture.
pour les propriétaires......	76,500,000	400,000,000
pour la Taille & Capitation.	40,000,000	200,000,000
pour les Fermiers.	27,000,000	165,000,000
pour la dixme	50,000,000	155,000,000
pour les Frais.	415,000,000	920,000,000
produit frais déduits......	193,500,000	920,000,000
produit total frais restitués...	608,500,000	1840,900,000

Les frais reſtitués par les recoltes doivent être regardés comme des revenus annuels dans un
Etat, parce que ces frais forment
les gains des ouvriers de la campagne employés par les Fermiers
à la culture, & que ces gains qui
les font ſubſiſter ſe perpétuent par
l'agriculture.

On peut remarquer en cette
comparaiſon, que dans la culture
actuelle où les frais ſont inſuffiſans,
ces frais ne donnent pas 40 pour
100 de produit net, & que dans
la bonne, ils rendent cent pour
cent.

On voit auſſi qu'à cauſe de
ces rapports différens entre le
produit & les frais, dans la culture actuelle les Propriétaires n'ont
que le huitiéme du produit, que
la taille & la capitation ne ſont
que le quatorziéme, qu'enfin le
Fermier n'a que le vingt-deuxié-

me, c'eſt-à-dire environ ſix pour
cent pour le revenu de ſes avances annuelles, qui ſont expoſées
à bien des riſques ; au lieu que
dans la bonne culture les Propriétaires auroient plus du cinquiéme de produit, la taille avec
la capitation en ſeroit le neuviéme, & les Fermiers auroient à
peu près le onziéme, ce qui feroit pour ceux-ci au moins dix-
ſept pour cent de bénéfice ſur
leurs frais.

On obſervera auſſi que dans cette comparaiſon, l'auteur ne ſuppoſe dans cet accroiſſement des produits de la bonne culture aucune
augmentation ſur les prix des
grains ; car il n'eſt pas vraiſembla-
ble que l'exportation en fît augmenter le prix (a) ; mais elle ex-

______

(a) En 1704 où l'exportation fut permi-
ſe en France, le prix des grains n'augmenta
point.

cluroit les non-valeurs & les chertés. L'auteur pense même que
la concurrence de la France dans
le commerce extérieur des grains,
pourroit faire baisser un peu le
prix général qui a cours entre
les Nations commerçantes , &
qui est ordinairement à 20 liv. le
septier. C'est pourquoi il ne le
suppose ici qu'à 18 liv.; & si
dans le cas d'exportation le prix
général se maintenoit à 20 liv., le
produit augmenteroit d'un dixiéme de plus qu'il ne l'a évalué : ainsi il seroit environ de
deux milliards , au lieu de 608
millions où il est réduit actuellement par le dépérissement de l'a-
griculture du Royaume.

Mais si à la culture actuelle
on substituoit celle qui fait l'objet
de cet essai : nous avons montré
que soixante millions d'arpens qui
pourroient être ameliorés & cul-

tivés dans le Royaume, produiroient annuellement l'un dans
l'autre en grains, herbages, lin,
chanvre, legumes, &c. 50 liv.
par arpent, faisant en tout trois
milliards : laquelle somme nous
allons diviser selon la regle de M.
Quesnay.

Comparaison de la Culture actuelle en France, avec celle améliorée suivant nos principes.

	Culture actuelle.	Culture améliorée.
pour les propriétaires........	76,500,000	652,000,000
pour la taille & capitation...	40,000,000	326,000,000
pour les fermiers...........	27,000,000	270,000,000
pour la dixme.............	50,000,000	252,000,000
pour les frais.............	415,000,000	1500,000,000
produit total.............	608,500,000	3000,000,000

Ce calcul donne plus de huit fois autant de revenu aux propriétaires, huit fois autant à l'Etat en taille & capitations, dix fois autant aux fermiers, cinq fois autant aux dixmes, trois fois & demi autant aux frais de culture; & ces frais de culture, quoique grands, rendent aux fermiers dix-huit pour cent de bénéfice; ils font mis ici à 25 liv. l'arpent l'un dans l'autre, & une plus grande dépenfe donneroit encore un plus grand produit.

Quelque peu exagerés, quelque démontrés même que nous paroiffent les moyens de cette progreffion, fi l'efprit fe refufe à de fi prodigieufes augmentations dans les produits d'une culture ameliorée, on en trouve une preuve de fait dans la comparaifon des produits de la culture actuelle de France avec ceux des pays où elle a été ameliorée.

Un arpent de terre en France, traité par la petite culture qui se fait avec les bœufs (a), est estimé produire en deux ans une recolte qui vaut 24 liv.; les cinq sixiémes des terres y sont traités par cette culture. En Angleterre où les terres rapportent tous les ans & même quelquefois deux recoltes abondantes par an, & où le bled se vend prix commun 20 liv. le septier, un arpent produit en deux ans au moins 200 liv.; c'est huit fois autant que ce que produisent les terres en France, traitées par la petite culture. Ainsi quoique le territoire de l'Angleterre ne soit que le tiers de celui de la France, le produit annuel des recoltes en grains & prairies artificielles, y est au moins dou-

____

(a) Encyclopéd. art. *Fermiers*, *Grains*.

ble de celui des recoltes de toute
la France, non compris celui des
vignes & des bois; c'eſt ce qu'il
feroit aiſé de prouver s'il étoit
néceſſaire. Mais en Hollande la
différence y eſt bien plus conſidérable; car on a ſupputé que
le territoire de cette province
& de la Zélande, qu'on eſtime
le quatre-vingtiéme de celui de
France, rapporte le tiers de ce
que produit tout le territoire de
la France (a), d'où il réſulteroit
que l'arpent rendroit en Hollande 27 fois autant qu'en France.
Il eſt vrai qu'une grande partie
du territoire de France étant en
friche, tandis qu'en Hollande il
eſt par-tout bien cultivé, cette
énorme différence eſt plus facile
à expliquer, le rapport des deux
arpens cultivés n'étant ainſi que

(a) Voyez le Jour. Œconom. *Juin* 1757.

de 12 à 1, au lieu de 27 à 1.

On voit du moins par ces faits que l'estimation du produit à 50 liv. l'arpent amélioré est très-moderée; qu'on peut plus qu'on ne l'imagine augmenter par la culture les produits des biens-fonds dans un Royaume qui a un grand territoire, des hommes pour le cultiver, des richesses pour en faire les dépenses, un climat temperé, & une position favorable pour le débit de ses productions; que la France enfin possede un trésor en son sein qui mérite mieux d'être exploité à tous égards que ceux du Pérou, du Mexique, du Brésil ou de Golconde.

O fortunatos nimium, sua si bona norint,
Agricolas.

Il y auroit encore beaucoup d'observations à faire sur la culture des vignes, sur l'amélioration des terres pour cette culture, sur l'état du Commerce des vins, sur les bestiaux & autres objets de l'agriculture, ou qui lui sont relatifs; mais elles exigeroient sur l'état des diverses Provinces du Royaume, beaucoup de connoissances particulieres qu'il faut acquérir sur les lieux; c'est pourquoi nous nous contenterons d'indiquer en général les voies qui nous paroîtroient plus propres à tout vivifier.

Necessité & moyens de former de meilleurs Cultivateurs.

L'ART de la culture des terres est encore presque par tout pays borné à la tradition de pere en fils, de quelques pratiques grossieres, & d'un plus grand nombre de préjugés; les pays mêmes où elle est plus avancée s'apperçoivent tous

les jours par de nouvelles observations combien elle est encore
éloignée de sa perfection : nous
avons remarqué ci - dessus combien peu les écrits ont d'influence sur les laboureurs ; ce que différens hazards peuvent leur amener de connoiffances plus utiles,
s'obfcurcit, fe charge & s'efface
enfin par la fucceffion des tems.

C'eft ainfi que l'agriculture, décrite il y a près de cent foixante
ans dans le livre que j'ai cité de
M. de Serres , étoit incontefta-
blement fupérieure à celle qu'on
pratique maintenant; on peut voir
auffi, à l'article *Grain* de l'Encyclopédie un détail curieux , par
lequel il paroît que le Royaume
produit actuellement la moitié
moins de grain qu'il ne faifoit il y
a cent ou cent cinquante ans ; &
quelques écrivains modernes ont
déja obfervé que les Auteurs An-

glois se plaignoient au commencement & presque au milieu du
dernier siécle, de la quantité de
grains que cette nation étoit alors
obligée de tirer de la France ; au
lieu qu'aujourd'hui ce sont les Auteurs François qui font de pareilles plaintes. En effet depuis la fin
du siécle passé il est sorti des som-
mes immenses du Royaume, en
grains (a), & en salaisons, suifs
& beurres pour ses Colonies (b).

C'est la longue interruption
de la liberté du commerce des
grains, jointe à quelques autres
causes que nous avons ci-dessus
détaillées, qui a jetté les cultivateurs dans le découragement &
la négligence absolue de toutes les
branches de leur art ; & ces ob-

____

(a) Le Politique Danois compte 800
millions.
(b) Voyez les intérêts du Commerce
maritime.

stacles

ſtacles levés feroient ſans doute revivre par degrés l'activité & l'induſtrie dont ils étoient autrefois capables. Débaraſſer l'agriculture des charges & des chaînes diverſes dont elle eſt maintenant accablée , ce feroit du moins ceſſer de lui nuire , & la mettre à portée de ſe ranimer ; enſuite on peut chercher les moyens de ſeconder , de hâter , d'éclairer les cultivateurs.

Nous avons déja fait mention de divers Etats où le Gouvernement a fondé des Académies ou Colléges pour les inſtruire , a propoſé des prix & des primes pour les encourager , a établi des Intendans ou Commiſſaires pour les ſoutenir. Sans doute la nation active & éclairée , qui de toute l'Europe & peut-être du monde , auroit le plus à gagner à s'en occuper , ne demeurera pas la seule qui les néglige. Quelque arrangement de cette nature, une fois commencé & dirigé sous les yeux du Ministère, attireroit sur l'agriculture son attention, jusqu'ici tournée toute entiere à des objets plus éclatans, tandis que ses besoins, non moins importans, sont cachés au fond de Provinces reculées où ils échappent à ses regards.

Nous avons dit encore que tout propriétaire devroit donner à ses fermiers l'exemple des diverses améliorations sur quelques-unes de ses fermes ; il ne pourroit manquer de faire un grand effet sur eux, & en même tems les revenus de sa terre en seroient infailliblement augmentés ; quel moyen de s'enrichir plus honnête, plus sûr & plus satisfaisant pour un bon citoyen ? Des gens de la plus haute naissance ont été

les premiers à commencer en
Angleterre & en Ecosse, & ils
en ont acquis un surcroit de con-
sidération.

On doit s'attendre que les gros
bénéficiers contribueront au bien
public en donnant l'exemple ; ce
qu'ils pourroient facilement faire
en obligeant leurs Fermiers à tout
renouvellement de Bail, d'enclore
& d'améliorer pendant son cours,
un certain nombre d'arpens , à
proportion de l'étendue des terres du bénéfice , comme la moitié ou du moins le tiers.

Il est une autre maniere d'exciter l'émulation des Cultivateurs qui n'a pas laissé de faire un
très-bon effet en quelques pays ,
& notamment en Ecosse & en Irlande. Les possesseurs des terres
ont formé entr'eux des associa-
tions ; ils s'assembloient souvent
pour se consulter & concerter sur

les divers moyens d'améliorations ; chacun en communiquoit
enfuite avec fes fermiers, & les
encourageoit à entrer dans fes
vûes par quelques gratifications
placées à propos dans les premieres années d'épreuves. Le fuccès
ayant répondu à leurs idées , les
fermiers ont continué pour leur
propre intérêt , & peu à peu d'autres les ont imités.

Les Etats de Bretagne viennent
de faire un établiffement d'un
genre fupérieur à ces affociations
particulieres, capable de changer
la face de cette Province , &
peut-être dans la fuite de tout le
Royaume , foit qu'il s'y en faffe
de femblables à fon exemple , ou
qu'on y profite feulement des lumieres qu'on en verra infailible-
ment fortir.

Il ne fe peut rien voir de plus
fage & de mieux concerté que

les délibérations (a) qui en ont été publiées, rien de plus digne du corps d'élite, à qui la Province rémet sa voix & sa bourse pour en disposer à la gloire & prospérité publique.

La proposition qu'elle y fait de différens prix pour toutes les branches qu'elle désire de perfectionner, est un moyen infaillible & qu'on peut hardiment multiplier, la dépense n'en pouvant jamais entrer en aucune comparaison avec l'industrie qu'il est d'expérience qu'ils excitent.

En effet c'est l'émulation des prix distribués par toute l'Angleterre aux Courses des Chevaux, qui a porté ses Haras au point que les races qui en sortent sont recherchées par toute l'Europe :

____

(a) Voyez l'établissement d'une Société d'agriculture, &c. par les Etats de Bretagne.

M iij

ce font les prix & primes qui ont multiplié & perfectionné les metiers de Toiles en Irlande & en Ecoffe, au point de le difputer à celles de Flandres & d'Allemagne: par les primes, la pêche de la Baleine des Anglois s'eft augmentée, même depuis la derniere guerre, au point d'approcher de celle des Hollandois, qui autrefois la faifoient prefque toute entiere: par celles attribuées à l'exportation des grains l'agriculture Angloife a changé de face: c'eft aux prix que M. Colbert fit accorder par les Etats de Languedoc pour la fabrique des Draps, que cette Province & tout le Royaume doit le Commerce du Levant qu'il partage avec l'Angleterre, & fe voit à portée de s'approprier peut-être un jour tout entier: c'eft par l'émulation d'un prix qu'il a été récemment conftaté, comme on l'a dit, qu'un arpent de terre pouvoit produire jufqu'à quarante feptiers de bon froment : c'eft elle qui a fait naître les recherches de M. Tillet, & amené fon épreuve de la contagion certaine de la nielle & des moyens fimples & affurés de la prévenir ; découverte précieufe fur-tout en France, où le Sel qu'on y employoit ailleurs utilement, eft beaucoup trop cher pour cet ufage.

Les diverfes Académies établies dans les Provinces ne peuvent donc rien faire de plus utile à la Nation que de s'occuper des connoiffances d'agriculture relatives à leur pays, & y appliquer les prix qu'elles peuvent avoir à diftribuer, comme celles de Bordeaux, d'Amiens &c. ont déja commencé à s'y donner.

Les Etats des Provinces pourroient aussi , comme ceux de Bretagne , établir des sociétés d'hommes instruits & éclairés qui travaillassent continuellement à la recherche des moyens d'améliorer les biens-fonds , & de faciliter le commerce des denrées du cru de leurs Provinces; pour fournir enfin au gouvernement sur des objets si essentiels à la prospérité de l'Etat & à la puissance du Souverain , des détails qui manquent, & qui exigent que d'habiles gens s'y donnent en divers lieux tout entiers.

Il seroit de plus à désirer que de toutes les connoissances éparses dans les meilleurs écrits œconomiques de toutes les nations , autorisées par leur pratique , vérifiées & constatées par les observations diverses que l'émulation des prix pourroit faire apporter de tous côtés , ou que ces sociétés pourroient fournir, on formât un corps complet d'agriculture détaillée dans toutes ses branches, ainsi qu'il vient d'en paroître un en Angleterre (*a*); & que ce livre fût par les soins du Gouvernement remis entre les mains de tous les Curés de la campagne: ils seroient à portée de communiquer aux Laboureurs de leurs Paroisses les connoissances qu'ils y puiseroient, de les confirmer à leurs yeux par leurs propres expériences & observations, de joindre enfin à l'instruction spirituelle la plus utile des temporelles; & ils seroient des premiers à en recueillir le fruit par l'augmentation rapide de leurs dixmes.

Je ne m'étendrai pas maintenant davantage, ayant déja passé

____

(*a*) Compleat body of husbandry, fol. Lond, 175.

les bornes que je m'étois prescri-
tes : mais si les changemens que
je propose paroissent assez utiles
pour qu'on y désire des détails &
des éclaircissemens, je serai toujours prêt à les donner.

Le véritable *ami des hommes*, qui
vient de plaider leur cause avec
tant de chaleur & d'élevation,
présente l'agriculture pour le premier moyen d'une prospérité fondée sur la paix & la vertu ; c'est
donc en général à tous ceux qui
ont la prospérité publique à cœur,
mais particuliérement à tous les
possesseurs des terres, de concourir de toutes leurs forces à leur
amélioration ; & je désire ardem-
ment que cet Essai puisse y être
de quelque secours.

F I N.

AVERTISSEMENT.

DEPUIS plus d'un an que cet Ecrit auroit dû paroître, & que diverses circonstances en ont retardé de mois en mois l'impression, il a été lû en manuscript par plusieurs personnes instruites en ces matieres ; quelques-unes m'ont fait le plaisir de me communiquer leurs doutes sur certains points, & je saisis volontiers ce moment de les éclaircir.

Des Enclos.

La clôture de tous les champs est un point que j'ai cru ne pouvoir trop recommander ; bien des gens répugnent à cette dépense, & contestent ses avantages ; j'ai néanmoins fait voir qu'elle n'étoit

M vj

pas exhorbitante ; le produit même des arbres qui viendroient à
plaifir fur la terre relevée du
foffé, en pourroit dédommager
ainfi que du terrein mangé par
l'ombre & les racines : quant à fon
utilité on en a tous les jours des
exemples fous les yeux. J'en cite-
rai un que j'ai fuivi ce printems
1758 dans le clôs des Chartreux
de Paris, fur une piéce de Luferne qui a été affez mal femée, &
qui n'ayant été ni mieux foignée ni
plus fumée que celles de la plaine
voifine, leur reffembloit parfaitement l'automne & tout l'hyver.
Mais vers le quinze de Mars le
tems s'étant adouci elle a commencé à pouffer de telle forte que le
premier Avril elle étoit haute
de dix pouces, & auroit déja
pû être coupée pour donner
en verd aux beftiaux ; tandis
qu'aucune de celles de la plaine,

& à la sortie même de la barrie-
re où elles sont à portée d'être
mieux fumées, n'avoit pas plus de
quatre à cinq pouces de hauteur.
Le premier Mai la Luserne du
clôs avoit vingt à vingt-quatre
pouces de hauteur, les meilleures
de la plaine n'en avoient que
douze à quinze, & les moins abritées dix à douze; cette grada-
tion pouvant s'observer sur toutes
à proportion du couvert. Enfin
le vingt Mai, où ceci a été
écrit, elle étoit en boutons &
bonne à couper en foin, desorte
qu'elle pourroit donner sa feconde coupe vers la fin de Juin,
tems où se fait la premiere dans
la plaine.

On trouvera à peu près cette
supériorité à tous les fourages,
grains, légumes & productions
quelconque encloses & abritées;
on la leur voit dans les jardins,

potagers, vignes & vergers; & dans les parcs, où jusqu'aux landes & bruyeres qui se rencontrent à l'abri, en prennent un œil plus verd.

Longueur des Baux.

Sur la proposition de faire des Baux plus longs, on objecte que le Propriétaire renonceroit ainsi pour long tems à jouir de l'amélioration de sa terre, tandis qu'en laissant les choses sur l'ancien pied, il peut raisonnablement esperer de l'augmenter à chaque renouvellement de Bail; qu'il n'y auroit donc que les Fermiers qui y pussent trouver de l'avantage : mais si on veut qu'ils se chargent seuls de tous les frais & les risques d'améliorations considérables & inusitées, on ne peut les y engager que par des Baux assez longs pour qu'ils soient sûrs de

retirer leurs avances , & de plus y
espérent un profit considérable.
D'ailleurs il ne tient qu'au Propriétaire de faire lui-même ces
avances , & d'affermer ensuite sa
terre sur le pied de son amélioration ; ou s'il en charge le Fermier,
de faire un long Bail dont les premieres années restent à l'ancien
prix , & dont les suivantes augmentent en une certaine proportion.

Il y a une maniere assez usitée
en quelques Provinces d'Angleterre , qui est de prendre les fermes à vie. L'acquereur en entrant
paye une somme de 7 à 8 années
du revenu auquel elle est évaluée,
& ensuite une modique redevan-
ce annuelle ; pour acquerir sur
deux têtes on paye 10 à 11 années , & 13 à 14 sur trois têtes ;
chaque tête a son rang dans le
Contract , & à chaque mutation

le Succeſſeur paye une ſomme de trois années du revenu. On trouve cette façon également avantageuſe au propriétaire & au preneur; car celui-ci regarde la terre comme à lui, & eſpérant comme il eſt naturel à tous les hommes, d'en jouir long-tems lui & ſes enfans, il met toute ſon induſtrie à l'améliorer, de ſorte qu'elle eſt toujours fort augmentée quand elle rentre au Propriétaire.

Il faut ſeulement obſerver que ſi ce calcul à vie eſt juſte pour l'Angleterre, ainſi que l'expérience l'a confirmé, il ne ſeroit pas le même pour la France, où l'interêt de l'argent eſt beaucoup plus haut, & le prix des terres, par conſéquent, beaucoup moindre; ainſi l'Acquéreur à vie ne payeroit en entrant qu'une ſomme proportionnée à l'un & à l'autre.

On ſent qu'il y auroit mille

autres fortes de calculs & arrangemens différens pour affermer fa
terre ce qu'elle vaudroit, & néanmoins encourager les Fermiers à
l'améliorer ; au lieu que l'ufage
des Baux fi courts les en détour-
ne infailliblement.

Des Bâtimens.

On m'objecte que ce feroit une
dépenfe exceffive de changer
l'emplacement des fermes, pour
les placer chacunes au centre de
leurs terres ; j'en conviens & ne
confeille à perfonne de jetter les
fiennes à bas : mais dans le cas où
on auroit à reconftruire les an-
ciennes, ou à en bâtir de nouvelles, comme il feroit néceffaire en tant de plaines maintenant incultes, fi jamais on fe mettoit dans le goût des améliorations,
j'ai voulu indiquer leur place
plus avantageufe ; étant très-im-

portant de la choifir de maniere à faciliter les charrois & les cultures, autant que la commodité de l'eau & autres circonſtances le peuvent permettre.

De l'échange des terres morcelées.

On allégue qu'il paroîtroit dur de tailler ainſi & dénaturer le patrimoine des particuliers, auquel la plupart ſont attachés par raiſons ou préjugés qu'il faut reſpecter; mais recommander, encourager faciliter les échanges volontaires & à l'amiable, ce ne feroit fans doute faire de tort à perſonne, & ce feroit amener un grand avantage à l'agriculture, ainſi qu'à tous les propriétaires aſſez raifonnables pour s'y prêter.

Des frais de Culture.

On prétend, que dans les di-

vers états de culture que j'ai
donnés , je n'ai pas mis affez
de chevaux & de Valets. J'ai fuivi pour la plûpart les calculs
déja faits que j'ai indiqués : mais
fi la nature de certaines terres en
exige davantage , ordinairement
elles en dédommagent par les produits ; & fi les circonftances font
augmenter quelques articles de
dépenfe , il y en a beaucoup d'autres qui généralement parlant feront moindres ; de forte que le
réfultat de mes calculs fe trouvera
toujours à peu près le même.

Sur le tems de femer les fourages artificiels.

D'après ce que j'ai dit du tems
& de la maniere de femer les
fourages artificiels , quelques cultivateurs en ont déja fait faire des
effais l'automne dernier ; ils ont
tous réuffi dans les terres médio-

crement chaudes & légeres , mais
la plûpart ont manqué dans les
terres froides, & sur-tout en celles
qui sont sujéttes à gonfler & dé-
chauffer par les grandes gelées ;
comme il est vraisemblable que
c'est pour avoir été semés trop
tard , on pourroit essayer de les
semer dès la fin d'Août ; ou le pis
aller seroit d'attendre au printems
quand les grandes gelées sont
passées , les petites n'y faisant aucun tort.

Enfin j'ai déja observé en général , & je le repete, que la brieveté de cet essai sur un sujet si é-
tendu , ne m'a pas permis de
l'éclaircir par tous les détails ,
ni de l'appuyer de toutes les raisons & les exemples que j'aurois
pu en donner.

avons permis & permettons par ces Préfentes,
de faire imprimer ledit Ouvrage autant de fois
que bon lui femblera, & de le faire vendre &
débiter par tout notre royaume, pendant le
temps de trois années confécutives, à compter du jour de la date des Préfentes. Faifons
défenfes à tous Imprimeurs Libraires & autres
perfonnes de quelque qualité & condition
qu'elles foient, d'en introduire d'impreffion
étrangere dans aucun lieu de notre obéiffance;
A la charge que ces Préfentes feront enregif-
trées tout au long fur le Regiftre de la Com-
munauté des Imprimeurs & Libraires de Paris, dans trois mois de la date d'icelles : que
l'impreffion dedit Ouvrage fera faite dans notre royaume & non ailleurs, en bon papier
& beaux caracteres, conformément à la feuille
imprimée attachée pour modele fous le con-
tre-fcel des Préfentes : que l'Impétrant fe
conformera en tout aux Reglemens de la Li-
brairie, & notamment à celui du 10 Avril 1725,
qu'avant de l'expofer en vente, le manuf-
crit qui aura fervi de copie à l'impreffion dudit Ouvrage, fera remis dans le même état où
l'Approbation y aura été donnée, ès mains de
notre très-cher & féal Chevalier Chancelier
de France le fieur DELAMOIGNON, & qu'il en
fera enfuite remis deux Exemplaires dans notre Bibliotheque publique, un dans celle de
notre Château du Louvre, & un dans celle de
notredit très-cher & féal Chevalier Chancelier de France le fieur DELAMOIGNON ; le tout
à peine de nullité des Préfentes ; du contenu
defquelles vous mandons & enjoignons de
faire jouir ledit Expofant en fes ayant cau-

ſes pleinement & paiſiblement , ſans ſouffrir
qu'il lui ſoit fait aucun trouble ou empê-
chement. Voulons que la copie des Préſen-
tes qui ſera imprimée tout au long au commencement ou à la fin dudit Ouvrage foi
ſoit ajoutée comme à l'original ; comman-
dons au premier notre Huiſſier ou Sergent
ſur ce requis , de faite pour l'exécution d'icelles tous actes requis & néceſſaires, ſans demander autre permiſſion & nonobſtant clameur de
haro , charte normande & Lettres à ce contraire. Car tel eſt notre plaiſir. Donné à Ver-
ſailles le vingt-huitieme jour du mois de Dé-
cembre, l'an de grace mil ſept cent cinquante-
ſept , & de notre regne le quarante-troiſiéme.
Par le Roi en ſon Conſeil.

Signé , **Le Begue.**

*Regiſtré ſur le Regiſtre treize de la Cham-
bre Royale des Libraires & Imprimeurs de Paris , Nº   conformément aux
anciens Reglemens , confirmés par celui du 28
Février 1723. A Paris le   Mars 1758.*

P.   **Mercier** , Syndic.

Description de la Sonde.

1. *Sonde de fer de quatre pieds de long & un pouce de grosseur.*

2. *Manivelle de deux pieds de long.*

3. *Ouverture ou rainure de six pouces de long pour recevoir la terre.*

4. *Méche d'acier.*

On la fait entrer dans la terre en la tournant, & on l'en retire de six en six pouces, pour voir le sol ou la qualité de la terre contenue dans la rainure.

Lorsque la Sonde de quatre pieds est à sa profondeur, on fait usage d'une autre de huit pieds, & après elle d'une de douze pieds, toujours dans le même trou.

Figure I.

Ferme de 300. arpens en 12 divisions

Figure II.

Ferme de 300 arpens en 18 divisions.

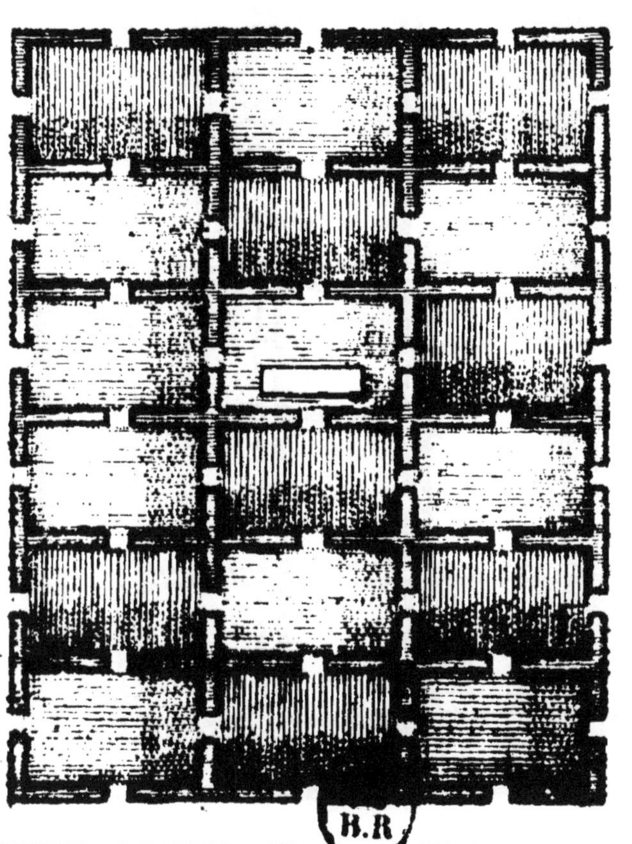

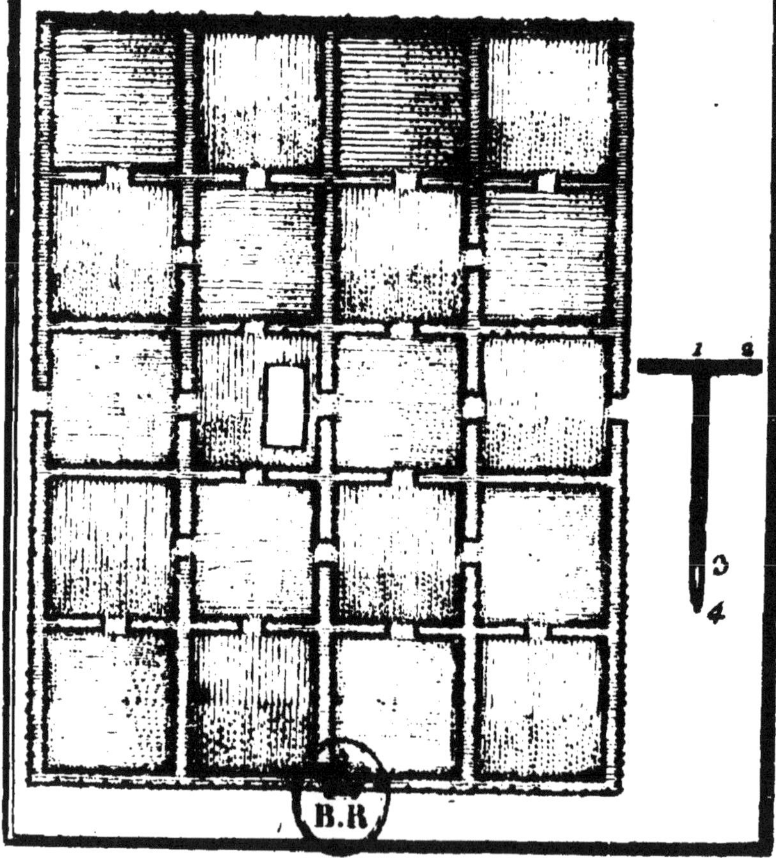

Figure III.
Ferme de 300. Arpens en 20. divisions.
1
2
3
4
B.R